人人学茶

第一次 品绿茶就上手

Green Tea

周继红
王岳飞 主编

图解版

第2版

TEP 旅游教育出版社
·北京·

编 委 会
EDITORIAL BOARD

主编简介
ABOUT THE AUTHORS

周继红，浙江大学特聘副研究员、硕士生导师、高级茶艺师、高级评茶员。主要研究方向为茶叶生物化学与人体健康。参与主讲浙江老年电视大学"茶文化趣谈"电视公开课、智慧树网视频公开课、超星尔雅视频公开课等，参讲课程"茶文化与茶健康"获评国家级一流本科课程。主编图书《第一次品绿茶就上手》《茶文化与茶健康：品茗通识》《中国茶文化与茶健康》等。获聘比利时鲁汶大学孔子学院、布鲁塞尔自由大学孔子学院、荷兰南方应用科技大学孔子学院客座老师。曾获美国"百人会英才奖"、庄晚芳茶学发展基金、浙江大学教学成果一等奖等荣誉。

王岳飞，浙江大学求是特聘学者、教授、博士生导师、国家一级评茶师。国务院学科（园艺）评议组成员、中国科协全国首席科学传播茶学专家、浙江大学茶学学科带头人、浙江大学湄潭茶叶研究院院长、浙江大学茶叶研究所所长，兼任中国国际茶文化研究会副会长、中国茶叶学会副理事长、浙江省茶叶学会理事长等。主要从事茶叶生物化学、天然产物健康功能与机理、茶资源综合利用等方面的教学与研究。主持国家科技支撑项目和省重大科技专项，研发成功茶终端产品50多种，发表学术论文100余篇、著作10余部，国家发明专利多项。获第二届全国创新争先奖、中国茶叶学会科学技术一等奖、全国商业科技进步特等奖、全国科技助力精准扶贫先进个人、中国茶叶学会青年科技奖、中华茶文化优秀教师、浙江省师德先进个人、宝钢优秀教师奖、浙江大学教学成果一等奖、浙江大学永平杰出教学贡献奖等荣誉。主讲通识核心课程"茶文化与茶健康"获评国家级一流本科课程，主讲国家精品视频公开课"茶文化与茶健康"点击量超 3000 多万人次，主讲中国大学生 MOOC 平台和智慧树网在线开放课程"中国茶文化与茶健康"选课人数连续两学期列全国农林园艺课程第一，获评浙江省一流线上课程。近年在国内外作茶文化、茶科技、茶健康讲座 500 余场，直接听众上百万人次。

中国茶迎来大时代（代序）

    中国是茶的故乡，孕育着最古老的茶树和最悠久的茶文化。如今，这一片承载几千年厚重历史的东方树叶已经香飘五大洲，在不同的土地上展现着无尽的风姿。当今世界，约 64 个国家或地区种茶，30 个国家或地区能稳定出口茶叶，150 多个国家或地区常年进口茶叶，160 多个国家和地区的居民有喝茶习惯，全球约 30 亿人每天在饮茶。中国茶正跟随着全球化的脚步风靡世界，茶行业举世瞩目，大有可为！

    近年来，中国茶产业飞速发展，茶园面积、茶叶产量和茶叶消费总量都列世界第一，出口量稳居世界前三。2021 年我国茶园总面积达 4896.09 万亩，占世界茶园总面积的 60% 以上；2021 年我国干毛茶产量约为 306.32 万吨，占世界茶叶总产量的 40% 以上。而绿茶作为中国六大茶类中当之无愧的"领头羊"，是我们的优势茶类，占茶叶总产量的 61.7%；绿茶出口也保持绝对优势，占出口总量的 80% 以上，在茶叶贸易中发挥支撑作用，如 2021 年，绿茶出口 31.23 万吨，金额 14.88 亿美元。可以说，中国茶已迎来了令人振奋的大时代！

    中国茶产业规模已步入过 5000 亿近 10 000 亿时代。2000 年左右，中国茶叶总产值还不到 100 亿。短短十几年时间，我们就做到了超 5000 亿，如今已近 10 000 亿，增长速度惊人，一年增长量比以前几千年还要多。茶叶作为中国的民生产业，是山区人民的重要经济收入来源之一，中国目前有超 3000 多万茶农靠茶吃饭，以茶为生。让天下茶人一起努力，共同打造万亿级中国茶产业，更让茶造福天下百姓。

    中国人均年茶叶消费量实现超 1.5 公斤时代。盛世喝茶，乱世酗酒。中国人的饮茶历史已有数千年，到 2000 年前后，中国人均年茶叶消费量约半斤，而当时全球人均年茶叶消费量近 1 斤。自 2010 年起，中国人均年茶叶消费量每年增长 100 克左右：2010 年约 800 克，2011 年约 900 克，2012 年约 1000 克，2013 年约 1100 克，2014 年约 1200 克，2020 年已达 1600 克，可以说一年的增速超越以往千年。我想这个增长速度还会持续十多年，到 2030 年，中国人均年茶叶消费量有望达到 5 斤。

中国茶文化迎来人人想学茶的时代。几十年前，来听茶课的大多是茶馆、茶店等茶行业内的人，如今，对茶感兴趣的业外人士越来越多，大家纷纷学习茶知识，领悟茶文化，以茶养心，以茶为道。历经千年，茶已经渗透到我们生活的各个层面，其内涵不仅仅是"柴米油盐酱醋茶"的日常饮品，更是"琴棋书画诗酒茶"的意蕴与修为，茶文化已经升华为人们的精神食粮，成为一种修养，一种境界，一种人格力量！

中国茶迎来了大时代，我们更要做好茶科技和茶文化普及和宣传工作。正如中国国际茶文化研究会周国富会长在中国国际茶文化研究会五届一次理事会上的讲话所言："当今中国茶与茶文化发展正处于极好的历史机遇期。增强茶和茶文化在世界的影响力，扩大中国茶叶在国际茶叶市场的话语权；提升推进茶为国饮，以茶惠民、茶和社会、茶和天下的能力和水平；加强茶资源科技研发、综合开发和人才队伍建设，延伸茶业产业链，提高茶产业综合效益等是摆在我们面前的重大课题。"

王岳飞
于浙江大学紫金港

目 录
CONTENTS

第九篇　绿茶之扬——天下谁人不识茶

第一篇
绿茶之源——茶路漫漫觅芳踪

　　在六大茶类中，绿茶始终是我国生产历史最悠久、产区最辽阔、品类最丰富、产量最庞大的一类。经由数千年的岁月洗礼，我国在绿茶加工方面的发展大致经历了生嚼鲜叶、原始绿茶、晒青饼茶、蒸青饼茶、龙团凤饼、蒸青散茶、炒青散茶和窨花绿茶等历程。加工技术的完善发展和对茶叶的多元利用是历代茶人不断创新的结果，更是中国茶业经久不衰的秘密所在。

《茶之歌》（摄于烂柴河　作者：吴子光）

一、发乎神农：从生煮羹饮到原始绿茶

茶圣陆羽在《茶经》中有"茶之为饮，发乎神农"的说法。据西汉刘安《淮南子·修务训》记载，天地初分之际，"民茹草饮水，采树木之实，食蠃蚌（音bàng，古同"蚌"）之肉"，致使瘟疫肆虐，民不聊生。神农为给百姓治病，甘愿以身试毒性，为民解忧。他历经艰难险阻，遍尝百草滋味，辨其平毒寒温之性。相传神农在尝百草的过程中中毒，恰有树叶落入口中，服之得救，也由此发现了茶。由于茶不仅能祛热解渴，还能兴奋精神、医治疾病，因此其最初是以药用的形式为人类所利用。

生煮羹饮是茶叶利用方法的第二个节点，指直接利用未经任何加工的茶鲜叶，把茶鲜叶煮为羹汤来饮用，类似于现在的煮菜汤。据古籍《晏子春秋》记载，晏婴虽为齐国国相，但他生活极为节俭，日常饮食除了糙米饭外，经常食用的就是"茗菜"（即没有晒干的茶鲜叶）了。茶作羹饮的记载可见于晋代郭璞（276—324）《尔雅》"槚，苦茶"之注："树小如栀子，冬生叶，可煮羹饮。"《晋书》中也有言："吴人采茶煮之，曰茗粥。"其中的"茗粥"即茶粥，指的便是烧煮的浓茶。

为了更好地保存茶鲜叶，人们逐步

图1.1 一杯新绿（浙江道人峰茶业·供图）

将采得的新鲜茶枝叶在阳光下直接晒干或烧烤后再晒干予以收藏。晒干收藏的方法虽然简单，但在没有太阳的日子里却无法操作，于是人们又利用甑来蒸茶，即为原始的蒸青。蒸完以后为了干燥茶叶，人们就又发明了锅炒和烘焙至干的方法，从而产生了原始的炒青和烘青，所以在秦汉以前的巴蜀地区可能均已出现了这些所谓原始的晒青茶、炒青茶、烘青茶和蒸青茶。

自秦汉开始，人们便在茶汤中加入各种配料以调味。三国张揖在《广雅》中记载："巴间采叶作饼，叶老者饼成以米膏出之。欲煮茗饮，先炙令赤色，捣末置瓷器中，以汤浇覆之，用葱、姜、橘子芼之。其饮醒酒，令人不眠。"可见当时烹茶时添加了葱、姜、橘子等作料；同时从"采叶作饼"的描述中也体现出三国时期已经出现了原始形态的饼茶。

二、兴于隋唐：从比屋之饮 到禅茶一味

隋统一之后修造了沟通南北的运河，大大推动了当时社会经济的发展，也促进了茶产业的繁荣。至唐代，茶叶从南方传至中原，又从中原传到边疆少数民族地区，茶叶由此成为了中国国饮，"家家户户都饮茶"的风尚逐步形成。

唐代中期，茶圣陆羽所撰《茶经》从自然科学和人文科学两个方面阐述了茶文化，这标志着中国茶文化正式形成，中国茶发展的历史新时期由此开启。《茶经》中有言："茶之为饮……盛于国朝，两都并荆渝间，以为比屋之饮。"其中"国朝"指的便是唐朝。

隋唐时期的饮茶方式除延续汉魏两晋南北朝生煮羹饮法的"煮茶法"之外，又有"痷茶法"和"煎茶法"。

图 1.2　春茶（浙江道人峰茶业·供图）

陆羽《茶经·六之饮》中载："饮有粗茶、散茶、末茶、饼茶者，乃斫、乃熬、乃炀、乃舂，贮于瓶缶之中，以汤沃焉，谓之痷茶。"记载的便是以沸水冲饮的"痷茶法"，粗、散、末、饼茶皆可泡饮。

"煮茶法"作为唐代以前最普遍的饮茶法，往往要添加葱、姜、枣、橘皮、茱萸、薄荷、盐等许多作料。陆羽认为其破坏了茶的真味，所以创立了细煎慢品式的"煎茶法"，即不添加繁杂的作料，最多以盐调味。"煎茶法"在唐代风靡不衰，但煮茶旧习依然普遍，尤其是在少数民族地区甚为流行。

唐代以饼茶为主，也有粗茶、散茶、末茶等非团饼茶；隋唐时期则创造出了加工较为精细的蒸青饼茶，制成的饼茶有大有小，有方形、圆形，也有花形，并成为了当时的贡茶，其中尤以宜兴阳羡茶和长兴顾渚茶最负盛名。唐代李肇《唐国史补》中记述："风俗贵茶，茶之名品益众。剑南有蒙顶石花，或小方，或散芽，号为第一；湖州有顾渚之紫笋，东川有神泉、小团、昌明、兽目，峡州有碧涧、明月、芳蕊、茱萸簝，福州有方山之露芽，夔州有香山，江陵有南木，湖南有衡山，岳州有邕湖之含膏，常州有义兴之紫笋，婺州有东白，睦州有鸠坑，洪州有西山之白露，寿州有霍山之黄芽，蕲州有蕲门团黄，而浮梁之商货

不在焉。"唐代名优茶种类之多、形势之盛可见一斑。

除了饮茶方式和制茶品质考究外，佛教的禅宗文化对唐代茶业的影响也十分深远。唐代诗人元稹的《一字至七字诗·茶》诗云："茶。香叶，嫩芽。慕诗客，爱僧家。碾雕白玉，罗织红纱。铫煎黄蕊色，碗转曲尘花。夜后邀陪明月，晨前独对朝霞。洗尽古今人不倦，将知醉后岂堪夸。"其中"慕诗客，爱僧家"的描写即是道出了佛教传入中国并兴起后与茶结下的不解之缘。唐人饮茶之风始于僧家，佛教崇尚饮茶，"茶禅一味"之说便是指茶文化与禅文化有共通之处。茶，品人生浮沉；禅，悟涅槃究竟。由此可见，自该时期起人们对茶文化的认识已经达到了一个颇为精深的境界。

三、盛起宋元：从散茶方兴到玩茶盛行

到了宋代，作为贡茶的团饼茶做工精细，表面还设计了龙凤之类的纹饰，谓之"龙团凤饼"。其有龙园胜雪、贡新銙、玉叶长春等多达40多品目；在当时建州北苑凤凰山更是设有贡焙一千三百多座，规模宏大。宋徽宗赵佶著《大观茶论》称"本朝之兴，岁修建溪之贡，龙团凤饼，名冠天下"。

北宋前期，制茶主要以团茶、饼茶为主，但是由于繁琐的制作工艺和煮饮方式，这在日常的民间生活中均不太适用，以蒸青法制成的散茶加工方式便在此间出现，甚至逐渐发展出以散茶为主的茶叶加工趋势。到了元代，散茶用量已经明显超过团饼茶，成为主要的生产茶类。这一茶类生产的转型，为后来明清的散茶大生产，以及绿茶加工的近代发展之路奠定了技术基础。

两宋时期，制茶技术不断创新，品饮方式日趋精致。"点茶法"成为新的时尚，即将茶末放在茶碗里，直接向茶碗中注入沸水（或先注入少量沸水调成膏状，然后再注入沸水），用茶筅（一种用细竹

图 1.3　龙团凤饼图案
（自左至右依次为小龙、小凤、大龙、大凤）

图 1.4　茶百戏（章志峰·供图）

制作的工具，通过搅打，能够促使茶末与水交融成一体）搅动，茶末上浮，形成粥面。茶的优劣可通过饽沫出现是否快，水纹露出是否慢来评定：沫饽洁白，水脚晚露而不散者为上。如果茶末研碾细腻，点汤、击拂恰到好处，汤花匀细，有若"冷粥面"，就可以紧咬茶盏，久聚不散，名曰"咬盏"。宋徽宗《大观茶论》称当时饮茶"采择之精，制作之工，品第之胜，烹点之妙，莫不咸造其极"。

宋太祖赵匡胤嗜好饮茶，因此该时期茶仪成为礼制，赐茶已成为皇帝笼络大臣、眷怀亲族，甚至向国外使节表示友好的重要手段。而正是由于官僚贵族的倡导示范、文人僧徒的颂扬传播以及市民阶层的广泛参与，饮茶文化在当时已成为一种流行时尚，"玩茶"艺术风靡一时，例如除"贡茶"外，还衍生出了"绣茶""斗茶"，以及文人自娱自乐的

"分茶"等形式。民间茶坊、茶肆中常用作娱乐的饮茶方式便是"斗茶"（也称"茗战"），即比试茶叶品质与点茶技艺的高下，从文人士大夫直至平民百姓，无不热衷此道，苏东坡就曾有"岭外惟惠俗喜斗茶"的记述；而"分茶"（亦称"茶百戏""汤戏"）是一种能使茶汤纹脉形成物象的古茶道，在使茶汤产生丰富泡沫的基础上，令其形成文字和图案，不但提高了点茶的艺术性和娱乐性，而且使斗茶活动更为兴盛。

四、焕然明清：从炒青当道到清饮之风

明清时期，茶叶商品消费面较之前更广，从事茶叶生产的人员更多，茶叶的商品性更强，茶业经济的影响更大，茶叶加工技术和品饮方式也发生了更深

远的变革。

在此时期，绿茶的炒青技术逐步超越蒸青方法成为主流，如徽州的松萝茶、杭州的龙井茶、歙县的大方、嵊县的珠茶、六安的瓜片等均是炒青绿茶中的名品。明代张源《茶录》中记载了炒青绿茶的制法："新采，拣去老叶及枝梗、碎屑。锅广二尺四寸，将茶一斤半焙之，俟锅极热，始下茶急炒。火不可缓，待熟方退火，撒入筛中，轻团那数遍，复下锅中，渐渐减火，焙干为度。"除以炒法加工的绿茶成为当时人们的主要饮品外，花茶也逐渐在民间崭露头角。至清代，乡村市肆茶馆林立，饮茶流行于官场士大夫和文人间，大量名茶应时而生，六大茶类逐步确立。

除加工方式改变之外，散茶在茶叶流通中的主导地位在明清时期进一步巩固。为减轻百姓负担、去奢靡之风，明太祖朱元璋下令茶制改革，用散茶代替饼茶进贡，叶茶和芽茶逐步成为茶叶生产和消费的主导。之后朱元璋的第十七子朱权也倡导从简清饮之风，大胆改革传统饮茶的繁琐程序，其所著《茶谱》一书中便特别提出要讲求茶的"自然本性"和"真味"，反对繁复华丽和"雕镂藻饰"，为形成一套从简行事的烹饮方法打下了坚实的基础。

由明代开始，用沸水直接冲泡散茶的"撮泡法"逐渐代替了唐代的饼茶煎饮法和宋代的末茶点饮法。明代陈师《茶考》称："杭俗烹茶，以细茗置茶瓯，以沸汤点之，名为撮泡。"今日流行的泡茶法也多是明代撮泡的延续，成为当下中国最普遍的饮茶方式。

表 1.1 绿茶加工发展史

加工类型	历史时期	加工方法	工艺优缺点
茶鲜叶	远古时期	最初直接咀嚼茶鲜叶，后来便以生火煮羹饮或做菜的方式来食用	直接食用鲜叶口感苦涩，风味欠佳；具有较大的季节和地域局限性，在不能产茶的季节或地区便无法食用
原始绿茶	春秋	通过阳光曝晒、烤制、蒸制、锅炒等方式去除茶鲜叶中的水分	能够长时间保存茶叶，随取随用
晒青饼茶	汉魏两晋南北朝	将散装茶叶与米膏混合制成茶饼，再将其晒干或烘干	出现了茶叶的简单加工，制成的饼茶方便运输，是制茶工艺的萌芽；但初加工的晒青饼茶带有很浓的青草气，风味欠佳
蒸青饼茶	唐	将茶鲜叶蒸后碎制，饼茶穿孔，贯串烘干	消除了晒青茶中残留的浓重青草气，变得清香怡人；但口感方面仍有明显的苦涩味

续表

加工类型	历史时期	加工方法	工艺优缺点
龙团凤饼	宋	将采回的茶鲜叶浸泡在水中，挑选匀整芽叶进行蒸青，蒸后用冷水清洗，小榨去水，大榨去汁，然后置于瓦盆内兑水研细，再入龙凤模内压制成饼、烘干	改进蒸青饼茶工艺：通过洗涤鲜叶、压榨去汁降低苦涩味；冷水快冲保持茶叶绿色。但是，压榨去汁的做法会使茶叶的香气与滋味大量流失，且整个制作过程耗时费工
蒸青散茶	宋元	在原有蒸青团饼茶的加工基础上，采取蒸后不揉不压，直接烘干的处理方法	蒸后直接烘干的方式可以很好地保持茶叶的香味，但是蒸青方法香气不够浓郁的固有弊端仍无法克服
炒青散茶	明清	高温杀青、揉捻、复炒、烘焙至干，这种工艺已与现代炒青绿茶制法非常相似	利用锅炒的干热，令茶叶内含物质发生改变，产生出馥郁的茶叶香气
窨花绿茶	明清	将散茶与桂花、茉莉、玫瑰、蔷薇、兰蕙、橘花、栀子、木香、梅花等香花混合，香味被茶吸收后再把干花筛除	制成的花茶香味浓郁，具有独特的滋味

表1.2　绿茶品饮方式的变迁

品饮方式	历史时期	品饮操作	适用茶叶类型
咀嚼生食	远古时代	直接咀嚼茶鲜叶	茶鲜叶
生煮羹饮	汉魏两晋南北朝	将茶鲜叶烹煮成羹汤而饮，与喝蔬茶汤相似，故又称之为"茗粥"	茶鲜叶
痷茶法	隋唐	"痷茶"即用沸水泡茶：将茶叶先碾碎，再煎熬、烤干、舂捣，然后放在瓶子或细口瓦器中，注入沸水浸泡后饮用	粗茶、散茶、末茶、饼茶
煮茶法	唐	把细碎的干茶投入瓶子或缶中，再加上葱、姜、橘等调料，倒入罐中煎煮后饮用	干茶
煎茶法	中晚唐至南宋末年	团饼茶经过炙、碾、罗等工序，成细微粒的茶末，再根据水的煮沸程度（如鱼目微有声，为一沸；锅边缘如涌泉连珠，为二沸；腾波鼓浪，为三沸），在"二沸"时投入茶末煎煮，然后趁热连饮	团饼茶
点茶法	宋	将团茶碾成细末，置入盏内，冲入少许沸水，搅拌调匀，再注入更多的沸水，并以茶筅搅打至稠滑状态即饮	团饼茶
撮泡法	元明清	置茶于茶壶或盖瓯中，以沸水冲泡，再分茶到茶盏（瓯、杯）中饮用	散茶

五、郁勃当代：从东方树叶到世界翘楚

绿茶是人类饮用历史最悠久的茶类。三千多年前人们采集野生茶树芽叶晒干保存的行为就可以看作是广义上绿茶粗加工的开始，而狭义上的绿茶加工是始于公元8世纪蒸青制法的发明与应用，于12世纪出现的炒青制法则代表绿茶加工技术踏入成熟之门。炒青制法一直沿用至今并被不断完善。直至今日，在我国所有的茶叶品种中，绿茶是毫无疑问的领跑者，速溶茶、袋泡茶、茶饮料等饮用方式的出现也为绿茶的新式饮法赋予了崭新的活力与生机。

在我国的茶产业中，绿茶产量最大，产区分布最广。2021年，按照茶叶类别统计，我国茶叶生产以绿茶、青茶、黑茶、红茶为主，其中绿茶产量达184.94万吨，占总产量的60.37%；内销量达130.92万吨，占产量的70.79%；出口方面，2021年绿茶出口31.23万吨，且均价始终呈上升趋势，出口金额达14.88亿美元，行销区遍及北非、西非各国及法、美、阿富汗等50多个国家和地区。且随着科学领域对绿茶保健功效的广泛认可，绿茶在世界上越来越受到消费者的青睐。在世界卫生组织提出的六大保健饮品（绿茶、葡萄酒、豆浆、酸奶、骨头汤、蘑菇汤）中，绿茶更是位列榜首。同时，

播种

施肥

锄地

采茶

茶文化作为中国特色传统文化，也越来越受到世界各国的关注与喜爱，可以说，中国绿茶正迈着稳健的脚步走向世界。

图 1.5　清代外销画《中国茶作图》

图1.6 龙井春茶（半亩茶园·供图）

第二篇
绿茶之出——青山隐隐育锦绣

    绿茶作为中国历史上最早出现的茶类，占目前中国茶叶总产量的60%以上。1959年全国"十大名茶"评比会评选出的中国十大名茶（西湖龙井、洞庭碧螺春、黄山毛峰、庐山云雾茶、六安瓜片、君山银针、信阳毛尖、武夷岩茶、安溪铁观音、祁门红茶）中，有六款（西湖龙井、洞庭碧螺春、黄山毛峰、庐山云雾、六安瓜片、信阳毛尖）为绿茶。我国绿茶的种植范围十分广泛，各大产茶区几乎都可以见到绿茶的身影，种类繁盛、名品荟萃、驰名中外。

三园王位茶庄高山有机茶园（杭州三园茶业有限公司·供图）

一、绿茶适生环境

茶树具有喜温、喜湿、耐荫的特性，所以其生长需要有良好的生态环境。茶树生长受到温度、湿度、地势、土壤、纬度等因素影响。

茶树生长的最适温度多认为是25℃左右，日平均气温稳定在约10℃是春季茶芽萌发的起始温度条件，但也因品种、地区和年份等因素存在差异。宜茶地区的年降水量为1500毫米左右，茶树生长活跃期的空气相对湿度以80%~90%为宜。地势方面，则一般以海拔800米左右的山区为宜。土壤方面，由于茶树是多年生深根作物，根系庞大，故要求土层深厚疏松为宜，有效土层应达1米以上，且50厘米之内无硬结层或黏盘层；从土壤质地来说，从壤土类的砂质壤土到黏土类的壤质黏土中都能种茶，但以壤土为佳；又因茶树虽喜水，但怕渍水，故要求土壤具有良好的排水性和保水性，多雨地区的山坡、沙壤土、碎石土等都是较好的选择；同时，茶树是典型的喜酸性土壤作物，土壤pH值在4.0~5.5为宜。

此外，茶叶生产有着"南红北绿"的基本规律，即低纬度地区适宜生产红茶，较高纬度地区（北纬25°~30°）适宜生产绿茶，北纬30°带也被称为出产茶叶的"黄金纬度"——江南茶区与西南茶区穿线而过，中国十大名茶中全部绿茶都出产自北纬30°左右的优质茶叶产区带：西湖龙井产于北纬30°15′左右，洞庭碧螺春产于北纬31°左右，黄山毛峰产于北纬30°08′左右，庐山云雾产于北纬29°35′左右，六安瓜片产于北纬31°38′左右，信阳毛尖产于北纬32°13′左右。

我国素有"高山出好茶"的说法，便主要因为以下三个方面：①山区气温随着海拔的升高而降低。科学分析表明，茶树新梢中茶多酚和儿茶素的含量随气温的降低而减少，从而使茶叶的苦涩味减轻；而茶叶中氨基酸和芳香物质的含量却随着气温的降低而增加，这就为茶叶滋味的鲜爽甘醇提供了物质基础，使得许多高山茶具有显著的独特香气。②高山往往多云雾。一方面阳光经雾珠折射，使得可见光中的红黄光得到加强，从而促使茶树芽叶中氨基酸、叶绿素和水分含量增加；二是由于高山森林茂盛，茶树接受光照时间短、强度低、漫射光多，有利于茶叶中含氮化合物的增加；三是由于高山植被覆盖和缭绕的云雾增加了土壤和空气的湿度，从而使茶树芽叶光合作用形成的糖类化合物缩合困难，纤维素不易形成，茶树新梢可在较长时期内保持鲜嫩而不易粗老，对绿茶品质的改善十分有利。③高山植被繁茂，枯枝落叶多，地面形成了一层厚厚的覆盖物。这不仅使土壤质地疏松、结构良好，还增加了有机质含量，使茶叶所含有效成分愈加丰富，加工成的茶叶香高味浓。

二、绿茶产地初探

2021 年中国茶叶种植面积为 4896.09 万亩，中国是全球茶叶种植面积最大的国家。中国茶区分布在北纬 18°~37°、东经 94°~122° 的广阔范围内，主要产茶的省份（自治区、直辖市）共有 20 个，遍布1000 多个县市，总体可分为江南茶区、江北茶区、西南茶区和华南茶区。

中国四大茶区

表 2.1　中国四大茶区简介

四大茶区	地理位置	气候特征	土壤类型	茶树品种
江南茶区	位于中国长江中、下游南部，包括浙江、湖南、江西等省和皖南、苏南、鄂南等地	基本上属于亚热带季风气候，四季分明，温暖宜人，年平均气温为 15~18℃。年降水量 1400~1600 毫米，以春夏季为多	主要为红壤，部分为黄壤或棕壤，少数为冲积壤	以灌木型为主
江北茶区	位于长江中、下游北岸，包括河南、陕西、甘肃、山东等省和皖北、苏北、鄂北等地	年平均气温较低，冬季漫长，年平均气温为15~16℃，冬季绝对最低气温一般为−10℃左右，容易造成茶树冻害；年降水量在1000毫米以下，且分布不匀，常使茶树受旱	多属黄棕壤或棕壤，是中国南北土壤的过渡类型	抗寒性较强的灌木型中小叶种
西南茶区	位于中国西南部，包括云南、贵州、四川、重庆四省（市）以及西藏东南部	大部分地区均属亚热带季风气候，气候变化大，年平均气温 15~18℃，年降水量大多在 1000 毫米以上，多雾，适合大叶种茶树的生长培育	土壤类型较多，重庆、四川、贵州和西藏东南部以黄壤为主，有少量棕壤；云南主要为赤红壤和山地红壤	茶树品种资源丰富，有灌木型、小乔木型茶树，部分地区还有乔木型茶树
华南茶区	位于中国南部，包括广东、广西、福建、台湾、海南等地	属热带季风气候，水热资源丰富，平均气温 19~22℃，年平均降水量达 1500 毫米	以砖红壤为主，部分地区也有红壤和黄壤分布，土层深厚，有机质含量丰富	茶树资源极为丰富，以乔木型和小乔木大叶种居多

各大产茶区几乎都可见绿茶的身影，其中浙江、安徽、江苏、江西、湖南、湖北、贵州、四川、重庆等地区是绿茶的主要产区；广东、广西、福建、台湾、海南、云南等地区生产绿茶相对较少；长江以北的河南、山东、陕西等地虽主要生产绿茶，但产量相对较少；此外，西藏、甘肃等地也生产少量绿茶。

（一）江南茶区

江南茶区是绿茶的主产区，也是拥有我国名优绿茶数量最多的茶区。茶园主要分布在丘陵地带，少数在海拔较高的山区，比较具有代表性的绿茶有西湖龙井、黄山毛峰、洞庭碧螺春、庐山云雾等。

图2.1 江西浮梁生态茶园

图2.2 浙江杭州戴村镇三清茶标准化示范园区（任舒婷·摄）

图 2.3　湖北恩施茶园

图 2.4　浙江武义茶园 (浙江更香有机茶业开发有限公司·供图)

（二）江北茶区

江北茶区是中国最北的茶区，主产绿茶。少数山区有良好的微域气候，所产绿茶具有香气高、滋味浓、耐冲泡的特点，比较著名的有六安瓜片、信阳毛尖、崂山绿茶等。

图 2.5　河南信阳茶园（信阳农林学院　王广铭·摄）

图 2.6 河南蓝天茗茶王母观野生茶园

图 2.7 山东泰安茶园（泰安市泰山女儿旅游商贸有限公司 九江·摄）

（三）西南茶区

西南茶区是我国最古老的茶区，拥有丰富的茶树品种资源。该茶区地形复杂，地势较高，主要为高原和盆地，有些同纬度地区海拔高低悬殊。出产的著名绿茶有蒙顶甘露、竹叶青、都匀毛尖等。

图2.8　贵州遵义凤冈茶园田坝茶海晨雾（汤权·摄）

图2.9　贵州遵义凤冈茶园茶海晨曦（陈晓燕·摄）

图 2.10　贵州都匀茶园水库（卢桃·摄）

图 2.11　四川雅安蒙顶山骑龙村生态茶园（钟国林·供图）

（四）华南茶区

华南茶区为中国最适宜茶树生长的地区，茶资源极为丰富。出产的著名绿茶有海南的白沙绿茶、广西的凌云白毫等。

图2.12　广西贺州姑婆山方家茶园（刘兴枝·摄）

三、名优绿茶盘点

（一）江南茶区名优绿茶

代表性名优绿茶茶样图集

1. 西湖龙井

历史地位：位列中国十大名茶之首。西湖龙井有着一千二百多年的悠久历史，清乾隆帝游览杭州西湖时，盛赞西湖龙井茶，把狮峰山下胡公庙前的十八棵茶树封为"御茶"。新中国成立后被列为国家外交礼品茶。

主要产地：浙江省杭州市西湖区的狮峰、龙井、五云山、虎跑、梅家坞等地。

茶区特征：气候温和，雨量充沛，有充足的漫射光。土壤微酸，土层深厚，排水性好。总体气候条件十分优越。

制作工序：特级龙井茶采摘标准为一芽一叶和一芽两叶初展的鲜嫩芽叶。采摘后经摊放→青锅→理条整形→回潮（二青叶筛分和摊凉）→辉锅→干茶筛分→归堆→收灰等工序加工而成。

品质特征：素以"色绿、香郁、味甘、形美"四绝著称。形似碗钉光扁平直，色翠略黄似糙米色；内质汤色碧绿清莹，香气幽雅清高，滋味甘鲜醇和，叶底细嫩成朵。

2. 大佛龙井

龙井茶因其产地不同，分为西湖龙井、大佛龙井、钱塘龙井、越州龙井四种，除了西湖产区168平方公里范围内的茶叶叫作西湖龙井外，其他产地出产的通称为"浙江龙井"。浙江龙井又以大佛龙井为胜。

历史地位：浙江省十大名茶之一，曾多次荣获全国、省农业名牌产品称号，现已覆盖全国二十多个省市，品牌信誉和知名度不断提高。

主要产地：中国名茶之乡——浙江省绍兴市新昌县。

茶区特征：大佛龙井茶生长于浙江新昌境内环境秀丽的高山云雾之中，茶区群山环绕、气候温和、雨量充沛、土地肥沃。

制作工序：鲜叶采摘标准是完整的一芽一叶，后经摊放→杀青→摊凉→辉干→整形等工序加工而成。

品质特征：外形扁平光滑，尖削挺直，色泽绿翠匀润，嫩香持久沁人，滋味鲜爽甘醇，汤色杏绿明亮，叶底细嫩成朵，具有典型的高山风味。

3. 径山茶

历史地位：径山茶始于唐代，闻名于两宋，从宋代起便被列为"贡茶"。1978年由张堂恒教授恢复制作成功，此后相继获得"中国文化名茶""浙江省十大名茶""浙江省十大地理标志区域品牌""中国驰名商标"等诸多称号。日本僧人南浦绍明禅师曾经在径山寺研究佛学，后来把茶籽带回日本，是如今很多日本茶叶的茶种。

主要产地：浙江省杭州市余杭区西北天目山东北峰的径山。

茶区特征：径山海拔1000米，青山碧水，重峦叠嶂。茶园土壤肥沃，结构疏松；峰顶浮云缭绕，雾气氤氲；山上泉水众多，旱不涸、雨不溢。

制作工序：于谷雨前后采摘一芽一二叶的鲜叶，经摊放→杀青→摊凉→轻揉→解块→初烘→摊凉→低温烘干等工序加工而成。

品质特征：外形紧细显毫，色泽翠绿；内质汤色绿明，栗香持久，滋味甘醇爽口，叶底绿云成朵。

4. 开化龙顶

历史地位：开化龙顶创制于新中国建立后的20世纪50年代，从1957年开始研制，一度产制中断，1979年恢复生产，并成为浙江名茶中的一枝新秀，2004年被评为浙江省十大名茶。

图2.13 茶可清心（浙江道人峰茶业·供图）

主要产地：浙江省衢州市开化县齐溪镇的大龙山、苏庄镇的石耳山、张湾乡等地。

茶区特征：茶区地势高峻，山峰耸叠，溪水环绕，气候温和，地力肥沃。"兰花遍地开，云雾常年润"，自然环境十分优越。

制作工序：清明至谷雨前，选用长叶形、发芽早、色深绿、多茸毛、叶质柔厚的鲜叶，以一芽二叶初展为标准。经摊放→杀青→揉捻→烘干至茸毛略呈白色→100℃炒至显毫→烘至足干等工序加工而成。

品质特征：色泽翠绿多毫，条索紧

直苗秀，香气清高持久，具花香，滋味鲜爽浓醇，汤色清澈嫩绿，叶底成朵明亮。

5. 武阳春雨

历史地位：浙江省十大名茶之一。1994 年由金华市武义县农业局研制开发，问世以来屡获殊荣，1999 年获全国农业行业最高奖——99 中国国际博览会"中国名牌产品"，并荣获首届"中茶杯"名茶评比一等奖等荣誉。

主要产地：浙中南"中国有机茶之乡"——武义县。

茶区特征：武义地处浙中南，境内峰峦叠翠，环境清幽，四季分明，热量充足，无霜期长，风清气润，土质松软，植茶条件优越。

制作工序：鲜叶采摘后经摊放→杀青→理条做形→烘焙等工序加工而成。

品质特征：形似松针丝雨，色泽嫩绿稍黄，香气清高幽远，滋味甘醇鲜爽，具有独特的兰花清香。

6. 望海茶

历史地位：20 世纪 80 年代初，在林特部门的努力下，宁海名茶老树开花，新创名茶"望海茶"成为宁波市唯一的省级名茶，从而带动了整个宁波市名茶的发展，先后被认定为宁波名牌产品、浙江名牌产品、浙江省著名商标。

主要产地：国家级生态示范区——浙江省宁波市宁海县境内。

图 2.14　绿茶茶汤（杭州三园茶业有限公司·供图）

茶区特征：茶园在海拔超过 900 米的高山上，四季云雾缭绕，空气湿润，土壤肥沃，生态环境十分优越。

制作工序：鲜叶采摘后经摊放→杀青→摊凉→揉捻→理条→初烘→摊凉还潮→足火→筛分分装等工序加工而成。

品质特征：外形细嫩挺秀、翠绿显亮，香气清香持久，汤色清澈明亮，滋味鲜爽回甘，叶底芽叶成朵、嫩绿明亮，尤其以干茶色泽翠绿、汤色清绿、叶底嫩绿的"三绿"特色而独树一帜。

7. 顾渚紫笋

历史地位：浙江传统名茶，自唐朝广德年间便作为贡茶进贡，可谓是进贡历史最久、制作规模最大、茶叶品质最好的贡茶。明末清初，紫笋茶逐渐消失，

泽翠绿，银毫明显，兰香扑鼻；茶汤清澈明亮，味甘醇而鲜爽，叶底细嫩成朵，有"青翠芳馨，嗅之醉人，啜之赏心"之誉。

8. 松阳银猴

历史地位： 浙江省新创制的名茶之一，2004 年被评为浙江十大名茶之一。

主要产地： 浙江省丽水市松阳县瓯江上游古市区半古月谢猴山一带。

茶区特征： 产地位于国家级生态示范区浙南山区，境内卯山、万寿山、马鞍山、箬寮观等群山环抱，云雾缥缈，溪流纵横交错，气候温和，雨量充沛，土层深厚，有机质含量丰富，瓯江蜿蜒其间，生态环境优越。

制作工序： 于清明至谷雨期间采摘鲜叶，经摊放→杀青→揉捻→造型→烘焙等工序加工而成。

品质特征： 条索粗壮弓弯似猴，满披银毫，色泽光润；香高持久，滋味鲜醇爽口，汤色清澈嫩绿；叶底嫩绿成朵，匀齐明亮。

9. 安吉白茶

历史地位： 浙江名茶的后起之秀，2004 年被评为浙江十大名茶之一。

主要产地： 中国竹乡——浙江省湖州市安吉县。

茶区特征： 安吉白茶生长于原始植

直至 20 世纪 70 年代末，当地政府重新试产、培育紫笋茶，才得以重新扬名光大。

主要产地： 浙江省湖州市长兴县水口乡顾渚山一带。

茶区特征： 顾渚山海拔 355 米，三面环山，东临太湖，气候温和湿润，土质肥沃，极适宜茶叶生长。唐代湖州刺史张文规有"茶生其间，尤为绝品"的评价。茶圣陆羽置茶园于此，并作《顾渚山记》云："与朱放辈论茶，以顾渚为第一。"

制作工序： 采摘一芽一叶初展或一芽一叶的鲜叶，经摊放→杀青→炒干整形→烘焙等工序加工而成。

品质特征： 顾渚紫笋因其鲜茶芽叶微紫，嫩叶背卷似笋壳而得名。成品色被丰富、森林覆盖率高达 70% 以上的浙江西北部天目山北北麓，地形呈畚箕形的辐射状地域内，天目山和龙王山自然保护区为茶区筑起了一道天然屏障。安吉气候宜人，土壤中含有较多的钾、镁等微量元素，十分适宜茶树生长。

制作工序：采摘玉白色一芽一叶初展鲜叶，经摊放→杀青→理条→烘干→保存等工序加工而成。

品质特征：外形挺直略扁，形如兰蕙，色泽翠绿，白毫显露，叶芽如金镶碧鞘，内裹银箭；冲泡后，清香高扬且持久，滋味鲜爽；叶底嫩绿明亮，芽叶朵朵可辨。

10. 金奖惠明

历史地位：浙江传统名茶、全国重点名茶之一，明成化年间列为贡品，曾获巴拿马万国博览会金质奖章和一等证书。

主要产地：浙江省丽水市景宁畲族自治县红垦区赤木山惠明寺及际头村附近。

茶区特征：产区地形复杂，地势由西南向东北渐倾，土壤属酸性砂质黄壤土和香灰土，富含有机质。气候冬暖夏凉、雨水充沛、绿树环绕，加之云雾密林形成的漫射光，极有利于茶树的生长发育。

图 2.15　高山云雾出好茶（杭州三园茶业有限公司·供图）

制作工序：经鲜叶处理→杀青→揉捻→理条→提毫整形→摊凉→炒干→拣剔贮藏等工序加工而成。

品质特征：色泽翠绿光润，银毫显露。冲泡后芽芽直立，旗枪辉映，滋味鲜爽甘醇，汤色清澈，带有兰花及水果香气，叶底嫩匀成朵。

11. 千岛玉叶

历史地位：该茶由千岛湖林场（原名排岭林场）于1982年创制，1983年浙江农业大学教授庄晚芳亲笔题名"千岛玉叶"，1991年获"浙江名茶"证书，并先后取得"省级金奖产品"和"浙江省十大名茶"等称号。

主要产地：浙江省淳安县千岛湖畔。

茶区特征：茶区位于新安江水库蓄水形成的人工湖岛屿上，湖光潋滟，烟波浩渺，空气湿润，气候凉爽。

制作工序：选取当地鸠坑良种，采摘清明前后一芽一叶初展的鲜叶，吸取龙井茶炒制技术精华，经杀青做形→筛分摊凉→辉锅定形→筛分整理四道工序加工而成。

品质特征：外形扁平挺直，绿翠露毫；内质清香持久，汤色黄绿明亮，滋味醇厚鲜爽，叶底肥嫩、匀齐成朵。

12. 洞庭碧螺春

历史地位：中国十大名茶之一。碧螺春茶已有一千多年历史，在清代康熙年间就已成为年年进贡的贡茶。

主要产地：江苏省苏州市吴县太湖的东洞庭山及西洞庭山（今苏州吴中区）一带。

茶区特征：茶园地处洞庭山环水的湖岛，自然条件优异。土壤由石英砂岩及紫云母砂岩构成，适宜茶树生长。产区是中国著名的茶、果

图2.16 春茶采摘（花枝茶业·供图）

间作区，果树为茶园提供良好的覆荫条件。

制作工序：经杀青→揉捻→搓团显毫→烘干等工序加工而成。

品质特征：外形条索纤细，茸毛遍布，白毫隐翠；冲泡后，色嫩绿明亮，味道清香浓郁，饮后有回甜之感。

13. 南京雨花茶

历史地位：新中国成立后，集中了当时江苏省内的茶叶专业和制茶高手于中山陵园，选择南京上等茶树鲜叶，经过数十次反复改进，制成"形如松针，翠绿挺拔"的茶叶产品，以此来意喻革命烈士忠贞不屈、万古长青，并定名为"雨花茶"，使人饮茶思源，表达对雨花台革命烈士的崇敬与怀念。

主要产地：南京市的中山陵、雨花台一带的风景园林名胜处，以及市郊的江宁、高淳、溧水、六合一带。

茶区特征：南京县郊茶树大多种植在丘陵黄壤岗坡地上，年均气温 15.5℃，无霜期 225 天，年降水量在 900~1000 毫米，土壤属酸性黄棕色土壤，适宜茶树生长。

制作工序：鲜叶采摘以一芽一叶为标准，经轻度萎凋→高温杀青→适度揉捻→整形干燥等工序加工而成。

品质特征：外形短圆，条索紧直，锋苗挺秀，色泽幽绿，带有白毫。干茶香气浓郁，冲泡后香气清雅，如清月照林，意味深远。茶汤绿透银光，毫毛丰盛。滋味醇和，回味持久。

14. 黄山毛峰

历史地位：中国十大名茶之一，由清代光绪年间谢裕大茶庄创制。

主要产地：安徽省黄山（徽州）一带。

茶区特征：茶区位于亚热带和温带的

图 2.17　春茶嫩梢（杨鸿春·摄）

过渡地带，降水相对丰沛，植被繁茂，同时山高谷深，溪多泉清湿度大，岩峭坡陡能蔽日。

制作工序：经鲜叶采摘→杀青→揉捻→干燥等工序加工而成。

品质特征：外形微卷，状似雀舌，绿中泛黄，银毫显露，且带有金黄色鱼叶（俗称黄金片）；入杯冲泡雾气结顶，汤色清碧微黄，叶底黄绿，滋味醇甘，香气如兰，韵味深长。

15. 太平猴魁

历史地位：中国十大名茶之一，2004年在国际茶博会上获得"绿茶茶王"称号。

主要产地：安徽省太平县（现改为黄山市黄山区）一带。

茶区特征：该区低温多湿，土质肥沃，云雾笼罩。茶园皆分布在350米以上的中低山，茶山地势多坐南朝北，位于半阴半阳的山脊山坡。土质多为黑沙壤土，土层深厚，富含有机质。

制作工序：采摘谷雨前后的一芽三叶初展，经杀青→毛烘→足烘→复焙等工序加工而成。

品质特征：外形两叶抱芽，扁平挺直，自然舒展，白毫隐伏，有"猴魁两头尖，不散不翘不卷边"的美名。叶色苍绿匀润，叶脉绿中隐红，俗称"红丝线"；兰香高爽，滋味醇厚回甘，汤色

清绿明澈，叶底嫩绿匀亮，芽叶成朵肥壮。

16. 涌溪火青

历史地位：涌溪火青在清代已是贡品，曾属中国十大名茶之一。

图2.18　涌溪火青（清意味李韬·供图）

主要产地：安徽省宣城市泾县榔桥镇涌溪村。

茶区特征：涌溪是林茶并举的纯山区，山体高大林密，土壤主要为山地黄壤，土层深厚疏松，结构良好，富含腐殖质。地处北亚热带，气候温和湿润，风力小，适宜茶树生长发育。

制作工序：采摘八分至一寸长的一芽二叶，经杀青→揉捻→烘焙→滚坯→做形→炒干→筛分等工序加工而成。

品质特征：外形圆紧卷曲如发髻，色泽墨绿，油润乌亮，白毫显露耐冲泡，汤色黄绿明净；兰花鲜香高且持久；叶底黄绿明亮，滋味爽甜，耐人回味。

17. 庐山云雾

历史地位：中国传统十大名茶之一，始产于汉代，已有一千多年的栽种历史。

主要产地：江西省九江市庐山。

茶区特征：庐山北临长江、南倚鄱阳湖，庐山云雾茶的主要茶区在海拔 800 米以上的含鄱口、五老峰、汉阳峰、小天池、仙人洞等地，这里由于江湖水汽蒸腾而常年云海茫茫，一年中有雾的日子可达 195 天之多，造就了云雾茶独特的品质特征。

制作工序：采摘 3 厘米左右的一芽一叶初展，经杀青→抖散→揉捻→炒二青→理条→搓条→拣剔→提毫→烘干等工序加工而成。

品质特征：茶芽肥壮绿润多毫，条索紧凑秀丽，香气鲜爽持久，滋味醇厚甘甜，汤色清澈明亮，叶底嫩绿匀齐。

图 2.19　茶叶加工车间（花枝茶业·供图）

18. 恩施玉露

历史地位：中国传统名茶，据历史记载，清康熙年间就开始产茶，1936年采用蒸汽杀青。

主要产地：湖北省恩施市南部的芭蕉乡及东郊五峰山。

茶区特征：恩施市位于湖北省西南部，地处武陵山区腹地，境内多属低山或二高山地区，土壤肥沃，植被丰富，四季分明，冬无严寒，夏无酷暑，终年云雾缭绕，被农业部和省政府确定为优势茶叶区域。

制作工序：选用叶色浓绿的一芽一叶或一芽二叶鲜叶经蒸汽杀青制作而成，传统加工工艺为：蒸青→扇干水气→铲头毛火→揉捻→铲二毛火→整形上光（手法为：搂、搓、端、扎）→拣选。

品质特征：条索紧细、圆直，外形白毫显露，色泽苍翠润绿，形如松针，汤色清澈明亮，香气清鲜，滋味醇爽，叶底嫩绿匀整。

（二）江北茶区名优绿茶

1. 六安瓜片

历史地位：中华传统历史名茶，清代为朝廷贡品，中国十大名茶之一。

主要产地：安徽省六安市大别山一带。

茶区特征：山高地峻，树木茂盛，年平均气温15℃，年平均降雨量1200~1300毫米。土壤疏松，土层深厚，云雾多，湿度大，适宜茶树生长。

制作工序：每逢谷雨前后十天之内采摘，采摘时取二三叶，经扳片→生锅→熟锅→毛火→小火→老火等工序加工而成。

品质特征：在所有茶叶中，六安瓜片是唯一一种无芽无梗、由单片生叶制成的茶品。似瓜子形的单片，自然平展，叶缘微翘，色泽宝绿，大小匀整，不含芽尖、茶梗，清香高爽，滋味鲜醇回甘，汤色清澈透亮，叶底绿嫩明亮。

2. 信阳毛尖

历史地位：中国十大名茶之一。1915 年在巴拿马万国博览会上获金质奖。1990 年信阳毛尖品牌参加国家评比，取得绿茶综合品质第一名。

主要产地：河南省信阳市和其下辖的新县、商城县及境内大别山一带。

茶区特征：年平均气温为 15.1℃，年平均降雨量为 1134.7 毫米，山势起伏，森林密布，云雾弥漫，空气湿润（相对湿度 75% 以上）。土壤多为黄、黑沙壤土，深厚疏松，腐殖质含量较多，肥力较高，pH 值为 4~6.5。

制作工序：采摘一芽一叶或一芽一叶初展的鲜叶，经生锅→熟锅→理条→初烘→摊凉→复烘等工序加工而成。

品质特征：外形细、圆、光、直、多白毫，色泽翠绿，冲后香高持久，滋味浓醇，回甘生津，汤色明亮清澈。叶底嫩绿匀亮，芽叶匀齐。

3. 崂山绿茶

历史地位：1959 年，崂山区"南茶北引"获得成功，形成了品质独特的崂山绿茶，成就了"仙山圣水崂山茶"的显贵地位。

主要产地：山东省青岛市崂山区。

茶区特征：崂山地处黄海之滨，属温带海洋性季风气候，土壤肥沃，土壤呈微酸性，素有"北国小江南"之称。

制作工序：鲜叶采摘后经摊放→杀青→揉捻→干燥等工序加工而成。

品质特征：具有叶片厚、豌豆香、滋味浓、耐冲泡等特征，特级崂山绿茶色泽翠绿，汤色嫩绿明亮，滋味鲜醇爽口，叶底嫩绿明亮。

（三）西南茶区名优绿茶

1. 蒙顶甘露

历史地位：蒙顶甘露是蒙顶山贡茶的主要代表性产品，南宋地理总志《方舆胜览》："在严道南十里有五顶，前一峰最高，曰上清峰，产甘露茶。"定型于明代，多次荣获中国十大名茶，为中国绿茶类炒烘结合卷曲型名优绿茶代表。

主要产地：四川省雅安市以蒙顶山为核心的名山区行政区域范围，及雨城区地处蒙顶山的碧峰峡镇、陇西乡2个乡镇。

茶区特征：地处北纬30°的560~1456米的高海拔区，气候温和，雨量充沛，微酸性肥沃土壤，植被茂盛，终年烟雨蒙蒙，自然条件优越。

制作工序：采摘单芽或一芽一叶初展的鲜叶，经鲜叶摊放→杀青→摊凉→头揉→炒（烘）二青→摊凉→二揉→干燥（炒或烘）→做形提毫→烘干→整理→拼配→烘焙提香→定量装箱入库等工序加工而成。

品质特征：早春采摘一芽一叶初展鲜叶，嫩度高，内含物丰富。成茶外形紧细卷曲，浅绿油润，多毫匀整，汤色杏绿明亮，香气馥郁，滋味嫩香鲜爽，回甘悠长，叶底秀丽匀整。

2. 竹叶青

历史地位：现代峨眉竹叶青是20世纪60年代创制的名茶，其茶名是陈毅元帅所取。

主要产地：四川省峨眉山。

茶区特征：主要产地在海拔800~1200米峨眉山山腰的万年寺、清音阁、白龙洞、黑水寺一带，当地群山环抱，终年云雾缭绕，翠竹茂密，十分适宜茶树生长。

制作工序：清明前采摘一芽一叶或一芽二叶初展的鲜叶，经摊放→杀青→头炒→摊凉→二炒→摊凉→三炒→摊凉→整形→干燥等工序加工而成。

品质特征：形状扁平直滑、翠绿显毫，形似竹叶，香气浓郁，汤色清澈，滋味醇厚，叶底嫩匀。

3. 都匀毛尖

历史地位：中国十大名茶之一，1956 年由毛泽东亲笔题名。

主要产地：贵州省都匀市。

茶区特征：主要产地在团山、哨脚、大槽一带，这里山谷起伏，海拔千米，峡谷溪流，林木苍郁，云雾笼罩，四季宜人。土层深厚，土壤疏松湿润，土质是酸性或微酸性，内含大量的铁质和磷酸盐。

制作工序：清明前后采摘一芽一叶初展的鲜叶，经摊放→杀青→揉捻→解块→理条→初烘→摊凉→复烘等工序加工而成。

品质特征：具有"三绿透黄色"的特色，即干茶色泽绿中带黄，汤色绿中透黄，叶底绿中显黄。

（三）华南茶区名优绿茶

1. 西山茶

历史地位：全国名茶之一，主要产品有"棋盘石"牌西山茶、西山白毛尖等。

主要产地：广西壮族自治区桂平市西山寺一带。

茶区特征：最高山岩海拔 700 米左右，山中古树参天，绿林浓荫，云雾悠悠，浔江水色澄碧似锦。气候温和、雨量充沛，乳泉昌莹，冬不涸，夏不溢，是茶树生长的理想环境。

制作工序：采摘标准为一芽一叶或一芽二叶初展，经摊青→杀青→揉捻→初炒→烘焙→复炒等工序加工而成。

品质特征：茶色暗绿而身带光泽，条索匀称，苗锋显露，纤细匀整，呈龙卷状，黛绿银尖，茸毫盖锋梢，幽香持久；汤色淡绿而清澈明亮，叶底嫩绿明亮；滋味醇和，回甘鲜爽，耐泡，饮后齿颊留香。

2. 白沙绿茶

历史地位：白沙绿茶系海南省国营白沙农场茶厂生产的海南省名牌产品，为具有海南地方特色的海南特产，是国营白沙农场的支柱产业之一。

主要产地：海南省五指山区白沙黎族自治县境内的国营白沙农场。

茶区特征：产茶区四面群山环绕，溪流纵横，雨量充沛，气温温和，属高山云雾区，年均阴雾日215天，月均气温16.4~26.9℃，年均降雨量1725毫米。产区内有70万年前方圆十公里的陨石冲击坑，其中冲击角砾岩岩石的矿物质相当丰富，表层腐殖层深厚，表土层40厘米至60厘米，排水和透气性良好，生物活性较强，营养丰富。

制作工序：多以一芽二叶初展的芯叶为原料，经杀青→揉捻→干燥等工序加工而成。

品质特征：外形条索紧结、匀整、无梗杂、色泽绿润有光，香气清高持久，汤色黄绿明亮，叶底细嫩匀净，滋味浓醇鲜爽，饮后回甘留芳，连续冲泡品茗时具有"一开味淡二开吐，三开四开味正浓，五开六开味渐减"的耐冲泡性。

延伸阅读：地区特色名茶

1. 桐柏玉叶

历史地位：陈椽编著的《茶叶通史》和庄晚芳编著的《茶树栽培学》记载"桐柏山脉一带茶区唐朝已为著名茶区"。宋时，桐柏山茶场曾为全国十三大茶场之一。新中国成立后桐柏县被确定为河南省产茶重点县，桐柏玉叶于2016年荣获国家地理标志保护产品称号。

主要产地：河南省南阳市桐柏县程湾镇、吴城镇、月河镇等乡镇。

茶区特征：土壤肥沃，气候温和，雨量充沛，群峰林立，云雾缭绕；茶园群山环抱，温差大，树木和野花常年多见，气候条件得天独厚。

制作工序：特级桐柏玉叶茶采摘标准为一芽一叶初展的鲜嫩芽叶。鲜叶采摘后经摊放→杀青→回潮→辉锅→磨头→整理和归堆等工序加工而成。

品质特征：外形扁平光滑，芽毫隐藏，色泽绿翠油润；内质汤色杏绿清澈，香气清高持久，滋味鲜爽醇厚，叶底嫩绿明亮。

2. 更香有机茶（雾绿）

历史地位：由农业产业化国家重点龙头企业——浙江更香有机茶业开发有限公司推出的纯天然无污染的有机绿茶，产品通过欧盟 EC、美国 NOP 和杭州中农认证中心三重有机认证。被认定为"国家有机食品生产基地""国家现代农业科技示范展示基地""浙江名牌产品"，荣获浙江农业博览会、上海国际茶博会金奖等荣誉。

主要产地：浙中南"中国有机茶之乡"武义县。

茶区特征：金华市武义县森林覆盖率达 72%，素有"全球绿色城市""中国天然氧吧"称号，种植园区峰峦叠翠，气候温和，雨量充沛，土质肥沃，山清水秀，是理想的有机茶开发地。

制作工序：鲜叶经摊青→杀青→低温回潮→冷捻→动态烘干→冷却回潮→初烘→低温回潮→提香等工艺加工而成。

品质特征：外形匀整翠绿，条索紧结卷曲，微露锋苗；汤色嫩绿明亮，栗香持久；滋味鲜醇悠长，品后口留余香；叶底绿亮，细嫩成朵。具有"天然、醇正、洁净、纯香"的品质特征。

3. 采花毛尖

历史地位：2006 年荣获"中国名牌农产品""湖北第一名茶品牌"荣誉。采花毛尖制作工艺于 2009 年被列入湖北省非物质文化遗产名录。

主要产地：湖北省宜昌市五峰土家族自治县。

茶区特征：五峰素有"中国名茶之乡"美誉，产茶历史可追溯到唐朝，距今有一千四百多年历史。五峰位于鄂西南边陲，属武陵山支脉，正处在世界公认的北纬 30° 黄金产茶带，山地气候显著，四季分明，雨量充沛，年均日照 1533 小时，年均气温 13~17℃，境内垂直气候带谱明显，茶园常年被云雾笼罩，造就了五峰高山云雾出好茶的独特地理优势和气候环境。

制作工序：精选单芽、一芽二叶或三叶，标准化采摘，保证外形大小一致，经摊青→杀青→回潮→揉捻→初干→做形→足干→风选→色选→复烘等共 12 道重要工艺、27 道工序、14 道品控程序完成加工。

品质特征：外形条索紧细匀整，色泽翠绿明亮，内质清香持久，滋味鲜爽回甘，汤色清澈明亮，叶底嫩绿匀齐，茶叶滋味鲜醇、耐冲泡、香气高，风味独特，具有氨基酸高、可溶性糖高、茶多酚高、咖啡碱低的"三高一低"名优茶品质特征。

4. 缙云黄茶

历史地位：缙云产茶历史悠久，早在宋代就有"时培石上土，更种竹间茶"及"玉泉出石罅，雨点散寒碧。我来供茗事，松鼎煮琼液。余甘生齿颊，可以醒酒魄"的记载。明万历《括苍汇记》也有"缙云物产多茶"与"缙云贡黄芽三斤"等记载。千百年来，缙云仙都不仅孕育了博大精深的黄帝文化，同时也孕育了内涵深厚的缙云黄茶文化。

图2.20 生态茶园（浙江更香有机茶）

主要产地：浙江省丽水市缙云县的大源镇、三溪乡、溶江乡、双溪口乡、胡源乡、舒洪镇、东渡镇、新建镇、前路乡、壶镇镇、东方镇、仙都街道、五云街道、石笕乡等地。

茶区特征：缙云黄茶多数分布于海拔600米左右密林地带，峰峦叠嶂，林木参天，泉鸣谷应，植被茂盛，土壤有机质丰富，气候温和，雨量充沛，云雾缭绕，漫射光丰富，日夜温差大，春天常有兰花盛开，具有非常优越的自然生态条件。

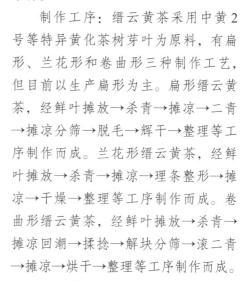

制作工序：缙云黄茶采用中黄2号等特异黄化茶树芽叶为原料，有扁形、兰花形和卷曲形三种制作工艺，但目前以生产扁形为主。扁形缙云黄茶，经鲜叶摊放→杀青→摊凉→二青→摊凉分筛→脱毛→辉干→整理等工序制作而成。兰花形缙云黄茶，经鲜叶摊放→杀青→摊凉→理条整形→摊凉→干燥→整理等工序制作而成。卷曲形缙云黄茶，经鲜叶摊放→杀青→摊凉回潮→揉捻→解块分筛→滚二青→摊凉→烘干→整理等工序制作而成。

品质特征：素以"三黄透三绿"品质特色著称。干茶色泽金黄透绿，光润匀净；汤色鹅黄隐绿，清澈明亮；叶底玉黄含绿，鲜亮舒展；滋味清鲜柔和，爽口甘醇；香气清香高锐，独特持久。

图 2.21　云雾笼罩茶园（浙江道人峰茶业·供图）

第三篇
绿 茶之类——暗香美韵竞争辉

　　绿茶为不发酵茶，其干茶色泽和冲泡后的茶汤、叶底以绿色为主调，故名。在各大茶类中，绿茶类的名品最多，不但香高味长，品质优异，且外观造型千姿百态，展现出了不同的风姿与韵味。

一、绿茶基本分类方法

茶叶分类标准众多，大体上可分为基本茶类和再加工茶类两大部分。绿茶属于基本茶类，也可再细分为基本绿茶和再加工绿茶。基本绿茶按照加工工艺又可分为毛茶和精制茶，而再加工绿茶则是指以绿茶为茶坯进行深加工的茶叶制品，如花茶、紧压绿茶、萃取绿茶、袋泡绿茶、果味绿茶、绿茶饮料、绿茶食品以及提取绿茶中的有效物质制成的药品制剂等。

表 3.1　绿茶的不同分类方法

按产地分类	分为浙江绿茶、安徽绿茶、四川绿茶、江苏绿茶、江西绿茶等
按季节分类	分为春茶、夏茶和秋茶，其中春茶品质最好，秋茶次之，夏茶一般不采摘。春茶按照节气不同又有明前茶、雨前茶之分
按级别分类	分为特级、一级、二级、三级、四级、五级等，有的特级绿茶还会细分为特一、特二、特三等级别
按外形分类	分为针形茶（安化松针等）、扁形茶（如龙井茶、千岛玉叶等）、曲螺形茶（如碧螺春、蒙顶甘露等）、片形茶（如六安瓜片等）、兰花形茶（如太平猴魁等）、单芽形茶（如雪水云绿等）、直条形茶（如南京雨花茶、信阳毛尖等）、曲条形茶（如径山茶等）、珠形茶（如平水珠茶等）等
按历史分类	分为历史名茶（如顾渚紫笋等）和现代名茶（如南京雨花茶等）
按加工方式分类	分为机制绿茶和手工炒制绿茶，高档名优绿茶大多是全手工制作，也有些高档茶采用机械或半机械半手工制作
按品质特征分类	分为名优绿茶和大宗绿茶
按杀青和干燥方式分类	分为蒸青绿茶、炒青绿茶、烘青绿茶、晒青绿茶四大类

在众多的绿茶分类方法中，最常见的分类依据是不同的杀青和干燥方式。

（一）蒸青绿茶

蒸青绿茶是指采用蒸汽杀青工艺制得的成品绿茶，是中国古代劳动人民最早发明的一种茶类加工方式，比其他加工工艺的历史更为悠久。《茶经·三之造》中记载其制法为："晴，采之。蒸之，捣之，拍之，焙之，穿之，封之，茶之干矣。"即将采来的茶鲜叶经蒸青或轻煮"捞青"软化后，揉捻、干燥、碾压、造形而成。

图3.1　蒸青绿茶

蒸青绿茶的新工艺保留了较多的叶绿素、蛋白质、氨基酸、芳香物质等，造就了"三绿一爽"的品质特征，即色泽翠绿，汤色嫩绿，叶底青绿；茶汤滋味鲜爽甘醇，带有海藻味的绿豆香或板栗香。但香气较闷带青气，涩味也比较重，目前的市场份额远不及锅炒杀青绿茶，恩施玉露、仙人掌茶等是仅存不多的蒸青绿茶品种。近几年来，浙江、江西等地也有多条蒸青绿茶生产线，产品少量在内地销售，大部分则出口销往日本。

（二）炒青绿茶

如今，炒青绿茶是我国产量最多的绿茶类型，具有显著的锅炒高香，西湖龙井、碧螺春、蒙顶甘露、信阳毛尖等均是炒青绿茶的代表。

长炒青——眉茶

圆炒青——涌溪火青

扁炒青——西湖龙井

图3.2　炒青绿茶

炒青绿茶因采用炒干的干燥方式而得名，按外形可分为长炒青、圆炒青和扁炒青三类。长炒青形似眉毛，又称为眉茶，品质特点是条索紧结，色泽绿润，香高持久，滋味浓郁，汤色、叶底黄亮；圆炒青外形如颗粒，又称为珠茶，具有外形圆紧如珠、香高味浓、耐泡等品质特点；扁炒青又称为扁形茶，成品扁平光滑、香鲜味醇。

（三）烘青绿茶

烘青绿茶就是在初制绿茶的干燥过程中，用炭火或烘干机烘干的绿茶。特点是外形完整稍弯曲、锋苗显露、干色墨绿、香清味醇、汤色叶底黄绿明亮。

图3.3 烘青绿茶

烘青绿茶产区分布较广，产量仅次于眉茶，以安徽、浙江、福建三省产量较多，其他产茶省也有少量生产。大部分烘青绿茶被用作窨制花茶的茶坯，销路很广，如中国的东北、华北、西北和四川成都地区等，深受国内外茶人的喜爱。

（四）晒青绿茶

晒青绿茶就是直接用日光晒制的绿茶。古人采集野生茶树芽叶经日光晒干后收藏，可算是晒青茶工艺的萌芽，距今已有三千多年。20世纪50年代，晒青绿茶产区遍布云南、贵州、四川、广东、广西、湖南、湖北、陕西、河南等省，产品有滇青（即滇晒青）、黔青、川青、粤青、桂青、湘青、陕青、豫青等，其中以云南大叶种为原料加工而成的滇青品质最好。晒青毛茶除少量供内销和出口外，主要作为沱茶、紧茶、饼茶、方茶、康砖、茯砖等紧压茶的原料。

图3.4 晒青绿茶

二、适制绿茶茶树品种

目前，人们对茶树品种的认知往往存在一定的误区，例如有人认为绿茶是由"绿茶树"的叶子制成的，红茶是由"红茶树"的叶子制成的，这种想法就是错误的。绿茶、红茶等六大茶类是根据加工方法的不同而进行区分的，即每一种茶树的鲜叶都可以用于加工绿茶、红茶、乌龙茶等茶类，具体加工成哪一种茶要根据特定品种的茶类适制性进行选择。

不同的茶树品种具有不同的品质特性，这些特性决定了它适合制作哪一类茶叶，这便是所谓的茶类适制性。适制性往往可通过观察芽叶的物理特性和测定芽叶的化学特性进行评估。一般叶片小、叶张厚、叶质柔软细嫩、色泽显绿、茸毛多的品种适制显毫类的绿茶，如毛峰、毛尖、银芽等，易塑造出外形"白毫满披、银装素裹"的品质特色；芽叶纤细、叶色黄绿或浅绿、茸毛较少的品种，适制少毫型的龙井类扁形绿茶，易塑造出外形扁平光滑、挺秀尖削、色泽绿翠的品质特色。部分适制绿茶的茶树品种如下：

表 3.2　部分适制绿茶的茶树品质特征

茶树品种	学名	来源	基本特征	地理分布
浙农 139	Camellia Sinensis cv. Zhenong 139	浙江农业大学茶学系（现浙江大学农业与生物技术学院茶学系）选育	小乔木型，中叶类，早芽种	浙江、江西、重庆等省市有少量引种，适宜种植于浙江茶区
浙农 117	Camellia Sinensis cv. Zhenong 117	浙江农业大学茶学系（现浙江大学农业与生物技术学院茶学系）选育	小乔木型，中叶类，早芽种	浙江、重庆等省市有引种，适宜种植于浙江茶区
龙井 43	Camellia Sinensis cv. Longjing 43	中国农业科学院茶叶研究所选育	灌木型，中叶类，特早芽种	适宜在长江中下游茶区种植
福云 6 号	Camellia Sinensis cv. Fuyun 6	福建省农业科学院茶叶研究所选育	小乔木型，大叶类，特早芽种	在闽、浙、桂、湘、川、黔、苏等省广泛推广栽培，适宜在江南茶区选择中低海拔园地种植

续表

茶树品种	学名	来源	基本特征	地理分布
迎霜	*Camellia Sinensis cv. Yingshuang*	杭州市茶叶研究所选育	小乔木型，中叶类，早芽种	在浙、皖、苏、鄂、豫等省均有栽培，适宜在江南绿茶、红茶茶区种植
碧云	*Camellia Sinensis cv. Biyun*	中国农业科学院茶叶研究所选育	小乔木型，中叶类，中芽种	主要分布在浙江、安徽、江苏、江西、湖南、河南等省，适宜在江南绿茶茶区种植
黔湄502	*Camellia Sinensis cv. Qianmei 502*	贵州省湄潭茶叶科学研究所选育	小乔木型，大叶类，中芽种	主要分布在贵州南部、西南部以及遵义、铜仁、安顺、贵阳等地区。四川省的筠连、雅安和重庆市的璧山、永川以及广东、广西、湖南、福建等省区有引种，适宜在西南茶区种植
黔湄601	*Camellia Sinensis cv. Qianmei 601*	贵州省湄潭茶叶科学研究所选育	小乔木型，大叶类，中芽种	主要分布在贵州南部、西南部以及湄潭、遵义、贵定、普安、黎平、兴义、铜仁等地，重庆市的江津、荣昌、永川以及广东、广西、湖南、湖北等省区有引种，适宜在西南茶区种植
宁州2号	*Camellia Sinensis cv. Ningzhou 2*	江西省九江市茶叶科学研究所选育	灌木型，中叶类，中芽种	在江西各主要茶区推广，浙江、安徽、江苏、湖南等省有少量引种，适宜在江南茶区种植
上梅州	*Camellia Sinensis cv. Shangmeizhou*	原产江西省婺源县上梅州村	灌木型，大叶类，中芽种	目前已有12个省、市引种，适宜在江南绿茶茶区种植
乌牛早	*Camellia Sinensis cv. Wuniuozao*	原产浙江省永嘉县	灌木型，中叶类，特芽种	适宜在浙江省尤其是扁形类名优茶产区作早生搭配品种推广
早逢春	*Camellia Sinensis cv. Zaofengchun*	福建省福鼎市茶业管理局选育	小乔木型，中叶类，特早芽种	主要分布在福建东部茶区，福建北部、浙江南部、浙江东部、安徽南部等有引种，近年来，浙江金华地区引进试种，开采期与乌牛早接近

茶树品种	学名	来源	基本特征	地理分布
龙井长叶	*Camellia Sinensis cv. Longjingchangye*	中国农业科学院茶叶研究所选育	灌木型，中叶类，早芽种	主要分布在浙江、江苏、安徽、山东等省，适宜在江南、江北茶区种植
信阳10号	*Camellia Sinensis cv. Xinyang 10*	河南省信阳茶叶试验站选育	灌木型，中叶类，中芽种	主要分布在河南信阳茶区，湖南、湖北等省有少量引种，适宜在江北和寒冷茶区种植

三、再加工类绿茶产品

绿茶作为我国产量最大的茶类，除了人们普遍接受的直接冲泡方式外，绿茶再加工也是人们广为关注的领域。这最早可以追溯至唐宋时期，至今仍在不断进步与创新。再加工茶是指以绿茶、红茶、青茶、白茶、黄茶和黑茶的毛茶或精茶为原料，再加工而成的产品，这类产品的外形或内质与原产品有着较大的区别。常见的再加工类绿茶有以下几种：

（一）花茶

在绿茶的众多再加工工艺中，花茶的工艺最为娴熟与出色。花茶又称熏花茶、香花茶、香片，是中国独特的茶叶品类。花茶由精制茶坯与具有香气的鲜花拌和，通过一定的加工方法，促使茶叶吸附鲜花的芬芳香气而成。

绝大部分花茶都是用绿茶制作，根据其所用香花品种的不同，可分为茉莉花茶、玉兰花茶、桂花花茶、珠兰花茶等，其中以茉莉花茶产量最大。

茉莉花茶的主产地有福建福州、广西横县、江苏苏州等，其窨制过程主要是茉莉鲜花吐香和绿茶坯吸香的过程。传统工艺程序为：茶坯与鲜花拼和→堆窨→通花→收堆→起花→烘焙→冷却→转窨→提花→匀堆→装箱。成熟的茉莉花苞在酶、温度、水分、氧气等作用下，分解出芳香物质被绿茶坯吸附，进而发生复杂的化学变化，茶汤从绿逐渐变黄亮，滋味由淡涩转为浓醇，形成花茶特有的香、色、味。

茉莉花茶可因所采用窨制的茶坯原料不同，分为茉莉烘青、茉莉炒青、花龙井、花大方、特种茉莉花茶等。而根据国家标准《茉莉花茶》（GB/T 22292—2017），茉莉花茶可分为茉莉烘青与茉莉炒青（半烘炒），其中茉莉烘青是茉莉花茶中的主要产品，分特级、一至六级。高档茉莉烘青的外形条索紧细匀整、平伏，色泽绿带褐油润；内质香气浓郁芬芳、鲜灵持久、纯正；滋味醇厚；汤色淡黄、清澈明亮。茉莉炒青（半烘炒）分特级、一至六级。高档茉莉炒青的外形条索紧结、匀整、平伏，色泽绿黄油润；内质香气鲜浓纯；滋味浓醇；汤色黄绿亮。而特种茉莉花茶是指茉莉花茶中加工特别精细的品类，原料明显高于特级茶坯，并经过"五窨一提"至"七窨一提"窨制而成。较为著名的品种有福建的茉莉大白毫、茉莉龙团、牡丹绣球，江苏的茉莉苏萌毫，浙江的茉莉龙珠，湖南茉莉毛尖等。

（二）紧压绿茶

绿茶紧压茶的制作方式是将杀青、揉捻后未经干燥的绿茶放在不同造型的模具中压制成型、干燥，或将已经干燥的绿茶经蒸软后再压制成型，具有防潮性能好、便于运输和贮藏的特点。

紧压茶历史悠久。11 世纪前后，四川的茶商便将绿毛茶蒸压成饼运销西北等地。压制过程中若使用刻有图案的模具，还能生产出形状和表面形态各异的紧压茶，不仅能够饮用，而且兼具观赏和装饰价值。

（三）萃取绿茶

以绿茶为原料，用热水萃取茶叶中的可溶物后过滤去茶渣，将茶汁进行浓缩、干燥制备成的固态或液态茶统称为萃取绿茶。萃取绿茶可以直接用冷水冲泡，或添加果汁等调饮，也可作为添加材料用于加工其他食品。

速溶茶粉便是萃取绿茶的代表之一，即通过高科技萃取手段提炼茶叶中的有效成分，并对萃取出的组分进行科学拼配后形成的再加工茶，具有无农残、无

图 3.5　紧压绿茶

图 3.6　速溶绿茶茶粉

图 3.7　不同材质、不同形状的茶包

添加、完全溶于水、冷热皆宜等特性，不需高温冲泡即可食用，可作为食品添加物、调味料和天然色素等。其中以绿茶粉最为常见。

（四）袋泡绿茶

袋泡绿茶也称绿茶包，相较于其他形式的饮茶方式，具有便于携带、易于冲泡、省事省时的优势，与如今快节奏的现代化生活极为适配。此外，与传统冲泡方式相比，袋泡茶中的茶叶经研磨后，有效成分的释放也更加快速、完全。

常见的袋泡茶茶袋材质有滤纸、无纺布、尼龙、玉米纤维等，形状有单室茶包、双室茶包、抽线茶包、三角立体茶包等。袋泡茶发展到今天，在材质、形状以及茶叶种类上都有许多改进和丰富之处，不断培养出新的消费群体，领跑现代茶饮的"快时代"。

（五）绿茶饮料

绿茶饮料是指以绿茶的萃取液、茶粉、浓缩液等为主要原料加工而成的饮料，除具备绿茶的独特风味外，还含有天然茶多酚、咖啡碱等茶叶有效成分，是清凉解渴、营养保健的多功能饮料。

罐装绿茶饮料工艺流程为：绿茶→浸提→过滤→调配→加热（90℃）→罐装→充氮→密封→杀菌→冷却→检验→成品。

除上述的再加工产品外，绿茶在各个领域都得到了广泛应用，日常生活中我们经常会见到含有绿茶成分的食品、牙膏、药品和化妆品等。

图 3.8　绿茶点茶饮法全叶用茶（浙江道人峰茶业·供图）

第四篇
绿茶之制——巧匠精艺出佳茗

　　优质成品绿茶的出现，离不开优良的茶树品种、精细的栽培技术、细致的加工过程。绿茶主要的加工工艺有杀青、揉捻、干燥等步骤，其特点是通过杀青破坏鲜叶中的酶促氧化作用，再经揉捻或其他方法对茶叶进行做形，最后干燥制得成品茶。

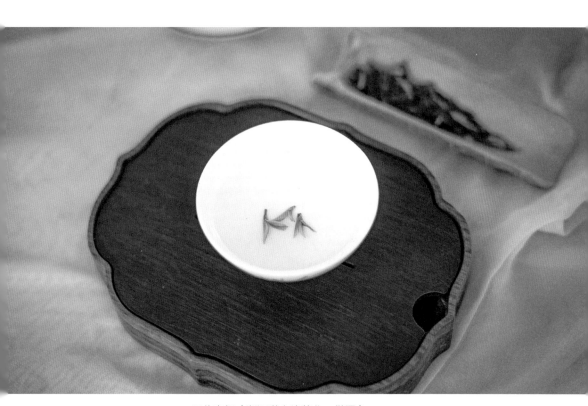

只此青绿（浙江道人峰茶业·供图）

一、绿茶加工原理

（一）绿茶色泽的形成

绿茶的品质特点突出在"三绿"，即干茶翠绿、汤色碧绿、叶底鲜绿。茶叶中内含物质的变化是影响茶叶色泽的重要因素之一，例如茶鲜叶中脂溶性色素（叶绿素类、叶黄素类、胡萝卜素类）和水溶性色素（花黄素、花青素类）在加工过程中都会发生变化，其中变化较为显著、对绿茶色泽影响较大的便是叶绿素的破坏和花黄素的自动氧化。

在高温杀青的过程中，脂溶性的叶绿素发生分解，形成具有一定亲水性的叶绿醇和叶绿酸，揉捻后叶细胞组织破坏，经冲泡能够部分溶解进入茶汤，这是绿茶茶汤呈绿色的原因之一。而花黄素类是可自动氧化的多酚类化合物之一，在初制热作用下极易氧化，其氧化产物呈橙黄色或棕红色，可使茶汤汤色带黄，甚至泛红。因此在绿茶杀青过程中应使叶温快速升高，防止多酚类化合物氧化。此外，若是受到高温高湿的影响，鲜叶内叶绿素会显著减少，绿茶色泽变为黄绿色。所以在加工过程中，应控制好湿热作用对叶绿素的破坏影响，以保持绿茶的翠绿色泽。

（二）绿茶香气的发展

绿茶的香气特征是叶中所含芳香物质的综合体现，这些香气成分有的是鲜叶中原有的，有的是在加工过程中形成的。鲜叶中芳香物质有高沸点和低沸点两类，前者具有良好的香气，后者带有极强的青臭气。高温杀青过程中，低沸点的芳香物质（青叶醇、青叶醛等）大量散失，而具有良好香气的高沸点芳香物质（如苯甲醇、苯丙醇、芳樟醇）等显露出来，成为构成绿茶香气的主体物质。同时伴随加工，叶内的化学成分也发生了一系列化学变化，生成一些使绿茶香气提高的芳香新物质，如成品绿茶中具紫罗兰香的紫罗酮、具茉莉茶香的茉莉酮等。此外，茶叶炒制过程中，叶内的淀粉会水解成可溶性糖类，受到更高的温度影响会发生反应产生焦糖香，一定程度上会掩盖其他香气，严重时还会产生焦糊异味，故干燥过程中要掌握好火候。

（三）绿茶滋味的转化

绿茶的滋味受到茶叶内部分可溶性成分的影响，主要有多酚类化合物、氨基酸、水溶性糖类、咖啡碱等物质。这些物质有各自的滋味特征，如多酚类化合物是苦涩味和收敛性，氨基酸是鲜爽感,糖类是甜醇滋味,咖啡碱微苦。这些物质相互结合、彼此协调,共同构成了绿茶的独特滋味。

多酚类化合物是茶叶中可溶性有效成分的主体组成。在加工过程的热作用下,有些苦涩味较重的酯型儿茶素会转化成简单儿茶素或没食子酸,一部分多酚类化合物也会与蛋白质结合成为不溶性物质,从而减少苦涩味。同时,部分蛋白质水解成游离氨基酸,氨基酸的鲜爽味与多酚类化合物的收敛性相结合,构成绿茶鲜爽、回甘的滋味特征。

二、绿茶加工技术

绿茶为不发酵茶,不同绿茶加工方法各不相同,但基本工序均可简单概括为鲜叶采摘→摊放→杀青→做形→干燥。

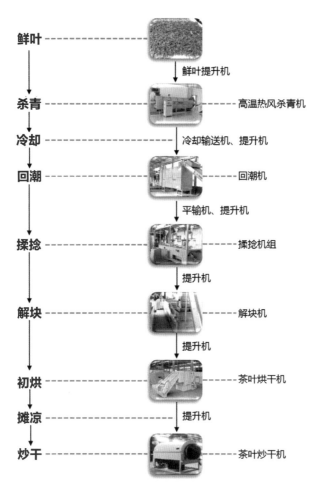

图 4.1　炒青绿茶机械加工示意图

（一）鲜叶采摘

鲜叶又称生叶、茶草、青叶等，是茶树顶端新梢的总称，包括芽、叶、梗。在茶叶加工过程中，鲜叶内的化学成分发生一系列物理化学变化，进而形成不同的品质特征。

茶鲜叶的含水率一般在 75%~80%，制成的干茶含水率一般在 4%~6%，因此常见的情况是 3~5 斤鲜叶能制得 1 斤干茶。制作绿茶的鲜叶在色泽上要求叶色深绿，芽叶若为紫色则不宜制作为绿茶；叶型大小上以中小叶种为宜；化学组分上以叶绿素、蛋白质含量高的为好，多酚类化合物的含量不宜太高，尤其是花青素含量更应减少到最低限度。

绿茶要求采摘细嫩鲜叶，名优绿茶则要求更高，一般为单芽、一芽一叶、一芽一二叶初展。采摘要匀净，不得混有茶梗、花蕾、茶果等杂物。采摘好的鲜叶应储放在阴凉、通风、洁净的地方，堆放不能过厚、不能挤压，以免引起鲜叶劣变，如出现红边、红茎等。

图 4.2　茶园采茶

图 4.3　采摘下的茶树鲜叶

（二）杀青

杀青是绿茶加工过程中最关键的工序，主要目的是破坏酶的活性，防止其过多地氧化茶叶中的多酚类物质，同时散发青气发展茶香，促进绿茶品质特征的形成。除此之外，此步骤还可蒸发茶叶中的部分水分，增加叶质韧性，便于后续做形。

绿茶杀青应做到"杀匀、杀透、不生不焦、无红梗红叶"，具体操作时应掌握"三原则"："高温杀青、先高后低""抛（抖）闷结合、多抛（抖）少闷""嫩叶老杀、老叶嫩杀"。

①高温杀青、先高后低。高温杀青使叶温迅速升高到80℃以上，有助于破坏酶活性、蒸发水分、发展香气。高温一方面能够迅速彻底地破坏酶活性，保障杀青效果；另一方面能够把叶绿素充分释放出来，使得冲泡后大部分能溶解在茶汤内，使茶汤碧绿、叶底嫩绿，不出现生叶；此外，还能够迅速蒸发水蒸气，去掉水闷味，同时带走青草气，形成良好的香气。"后低"则是为了避免炒焦而产生焦气遮掩茶叶的高香，也为了避免水分散失过快过多而导致做形时难以成条，成片多碎末多。

②抛闷结合，多抛少闷。"抛"的手法就是将叶子扬高，使叶子蒸发出来的水蒸气和青草气迅速散发。"多抛"有助

图 4.4　手工炒制绿茶（杭州市萧山区戴村镇人民政府·供图）

于使清香透发，防止叶色黄变。而"闷"则是加盖不扬叶，利用闷炒形成高温蒸汽的穿透力，使梗脉内部骤然升温，迅速使酶失活。"少闷"则是因为短时间闷杀能减轻苦涩味，而长时间闷杀则会产生闷黄味和水闷味，失了提升滋味品质的作用。

　　抛闷如何结合，抛多少闷多少，要择具体鲜叶而定，一般嫩叶要多抛，老叶要多闷。

　　③嫩叶老杀、老叶嫩杀。"老杀"是指叶子失水多一些，"嫩杀"是指叶子失水适当少些。嫩叶中酶活性较强，需要老杀，否则酶活性不能得到彻底的破

坏，易产生红梗红叶。且嫩叶中含水量高，如果嫩杀，揉捻时液汁易流失，其柔软度和可塑性降低，加压易揉成糊状，芽叶易断碎；低级粗老叶含水量少，纤维素含量较高，叶质粗硬，嫩杀后杀青叶含水量不至于过少，可避免揉捻时难以成条、加压时容易断碎等问题。

（三）做形

　　绿茶的做形需求根据品种而定。例如龙井是扁平削直状，加工时通过青锅—回潮—辉锅步骤协助做形。龙井炒制过程中常用的手法是"抖、搭、捺、

拓、甩、扣、挺、抓、压、磨"十大手法。青锅的目的是利用高温破坏酶的活性，并将茶叶炒至七八成干，使之初步成形为扁平形状；而后回潮使茶叶中的水分均匀分布，改善茶叶滋味；再通过辉锅使叶片中的水分再次重新分布，并使茶叶内部的含水量在5%以内，且使茶叶中的内含物质进一步发生转化，提高品质。

而像径山茶等条索状茶叶则是通过揉捻的手法进行做形。其目的是利用机械力使杀青叶紧结条索，有利于后续的干燥整形，同时适当破坏叶片组织，使茶叶内含物质更容易释出，对提高绿茶的滋味浓度有重要意义。根据叶子的老嫩程度，主要有热揉、冷揉、温揉三种情况：

①热揉。杀青叶不经摊凉趁热揉捻，适用于较老的叶子。究其原因，一方面老叶纤维素含量高，水溶性果胶物质（具有黏性）少，不容易成条。在热条件的影响下，纤维素软化容易成条；另一方面老叶淀粉、糖含量多，趁热揉有利于淀粉继续糊化，并同其他物质充分混合；同时，老叶含叶绿素较多、色深绿，热揉失去一部分叶绿素，使叶底更明亮。但缺点是热揉容易使叶色变黄，并带有水闷气，但对老叶来说，香气本来就不高，因此影响不大。

②冷揉。杀青叶出锅后经过一段时

图 4.5　绿茶清洁化加工车间（浙江珠峰机械有限公司·供图）

间的摊凉，叶温下降到一定程度时再揉捻，适用于高级嫩叶。原因是嫩叶纤维素含量低、水溶性果胶物质多，容易成条；同时加工嫩叶对品质要求较高，冷揉能保持良好的色泽和香气。

③温揉。杀青叶出锅后稍经摊凉后揉捻，适用于中等嫩度的叶子。中等嫩度的叶子介于嫩叶和老叶之间，揉捻时既要考虑茶叶的条索，又要顾及香气和汤色，故采用"温揉"。

一般揉捻适度的标准：细胞破损率45%~55%，手上有湿润黏手的感觉。在外形方面应做到揉捻叶紧结、圆直、均匀完整，防止松条、扁条、弯曲、团块、碎片等。具体操作时，嫩叶、雨水叶应冷揉，老叶应热揉；同时老叶"长揉重压"，嫩叶"短揉轻压"。

此外，还有兰花形的如太平猴魁通过在锅中轻抓轻拍进行造形等。

（四）干燥

干燥是茶叶整形做形、固定茶叶品质、发展茶香的重要工序。绿茶干燥一般采用炒干、晒干、烘干三种方式，制成的绿茶分别称为炒青绿茶、晒青绿茶、烘青绿茶。其中，炒青绿茶的干燥分炒二青、炒三青和辉锅三次进行：

①炒二青。该步骤主要是蒸发水分和散发青草气以及补头青（杀青）的不足。二青叶是杀青后并进行揉捻过的叶子，水分含量高，茶汁粘附在叶表面，应采用高温、投叶量较少、快滚、排气的技术措施，避免叶子受闷，形成"锅巴"，产生烟焦气。有的地方采用烘二

青，主要是为了克服炒二青易产生锅巴和烟焦气的缺点，采取的技术措施是高温、薄摊、短时。

二青叶适度标准：减重率 30%，含水量 35%~40%；手捏茶叶有弹性，手握不易松散；叶质软，黏性，叶色绿，无烟焦和水闷气。

②炒三青。该步骤的作用是进一步散发水分、整形。三青叶水分在 35%~40%，水分含量仍然很高，要迅速蒸发水分，锅温采取"先低、中高、后低"的技术措施。

三青叶适度标准：含水量控制在 15%~20%，条索基本收紧、部分发硬，茶条可折断，手捏不会断碎，有刺手感即可。

③辉锅。该步骤的作用主要是整形，促使茶条进一步紧结、光滑，并在整形过程中继续蒸发水分、增进茶香，形成炒青茶所特有的品质规格。辉锅叶含水量约 20%，用力过重叶子易断碎，故应采用文火长炒、投叶适量、分段进行的技术措施。

辉锅适度的标志：含水量 5%~6%，梗、叶皆脆，手捻叶子能成碎末，色泽绿润。辉干起锅的毛茶，要及时摊凉，然后装袋入库贮存，严防受潮或污染。

图 4.6　数字化有机绿茶生产车间（浙江更香有机茶业开发有限公司·供图）

延伸阅读：西湖龙井手工炒制技艺

西湖风景美如画，龙井名茶似佳人，当年龙井承皇恩，御笔一挥天下闻。西湖龙井不仅承载着厚重的历史文化，更是倾注了世代茶人无尽的心血。有人说，西湖龙井是一种工艺品，是不能用机器制造来代替的，唯有手工炒制的龙井才能代表其价值与品质。西湖龙井茶炒制有一套独特的方法，归纳为"抓、抖、搭、搨（音tà，通"拓"）、捺、推、扣、甩、磨、压"十大手法。十大手法在炒制时根据实际情况交替使用、有机配合，做到动作到位，茶不离锅，手不离茶。

传统的手工龙井炒制技术主要分为以下几步：

①采鲜叶。西湖龙井茶的采摘标准要求十分严格，鲜叶标准分四档：特级（一芽一叶初展）、一级（一芽一叶）、二级（一芽一叶至一芽二叶）、三级（一芽二叶至一芽三叶）。采摘时要求"三不采"（不采紫色芽叶、不采病虫芽叶、不采碎芽叶）、"四不带"（不带老叶、不带老梗、不带什物、不带夹蒂）。

②摊青叶。采摘下来的鲜叶付炒前，鲜叶必须经过摊放，一般需薄摊4~12小时，失重在17%~20%，叶子含水量达到70%~72%。适当摊放，能够促使芽叶内成分发生有利的理化变化。

③青锅。西湖龙井茶的炒制技术十分独特，是根据特定的品种和原料而量身定做的，全程全凭手工在一口特制光滑的锅中操作，加工过程中"摊放、青锅、摊凉、辉锅、挺长头"等工序环环相扣，其中青锅和辉锅是整个炒制作业的重点与关键。青锅的目的是保持鲜叶的绿色和做形，同时使原来70%的含水量下降

图4.7　采青叶

图4.8　摊青叶

图4.9　青锅

到 30%~35%。

④摊凉。青锅后需将杀青叶放于阴凉处进行薄摊回潮。

⑤辉锅。辉锅的作用在于进一步做好扁平条索，增进光洁度，进一步挥发香气，同时使含水量进一步下降到 7% 左右。

⑥分筛。用筛子把茶叶分筛，簸去黄片，筛去茶末，使成品大小均匀。

⑦挺长头。复辉又称"挺长头"，锅温一般保持在 60℃ 左右，一般采用抓、推、磨、压等手法结合，达到平整外形，透出润绿色、均匀干燥程度及色泽的目的。

⑧收灰。炒制好的西湖龙井茶极易受潮变质，必须及时用布袋或纸包包起，放入底层铺有块状石灰（未吸潮风化的石灰）的缸中加盖密封收藏。贮藏得法，约经半个月到一个月的时间，西湖龙井茶的香气更加清香馥郁，滋味更加鲜醇爽口。保持干燥的西湖龙井茶贮藏一年后仍能保持色绿、香高、味醇的品质。

⑨上市。手工炒制的西湖龙井茶，外形扁平光滑，芽叶饱满、重实，挺秀尖削呈碗钉形，色泽嫩绿光润。干嗅香气充足，香高扑鼻，冲泡后香气饱满、浓郁、持久。滋味鲜醇甘爽，有浓郁的茶香，丰富感强且耐泡。

杯中茶看似简单，却是对炒茶师经验、体力的综合考验，要精通茶叶的炒制技术，短则三五年，长则一辈子，还要能吃苦，悟性高。目前，西湖龙井茶的全手工炒制技艺已被列入国家级非物质文化遗产。泛舟西湖，于湖光山色中品一杯手工炒制的西湖龙井，定会是一番难忘的体验。

图 4.10　摊凉　　　　　　　图 4.11　辉锅　　　　　　　图 4.12　分筛

图 4.13　挺长头

图 4.14　收灰、上市

第五篇
绿 茶之雅——美水佳器展风姿

　　茶艺六要素为人、茶、水、器、境、艺，唯有这六要素完美组合方能尽赏茶之神韵。在品赏绿茶时，应注重人之美、茶之美、水之美、器之美、境之美和艺之美的相得益彰，且在中华茶德的雅境内彰显出这六美荟萃。

一、人之美——人为茶之魂

人是茶、水、器、境、艺等要素的连结者，是茶艺的灵魂。除了要掌握相应的冲泡技艺外，还应注重仪容仪表、发型服饰、形态举止、礼仪礼节、文化积累等方面的综合素质。

（一）仪容仪表

表演茶艺时应注重自身的仪容仪表，注意面容整洁和口腔卫生。泡茶前应洗手，并保持指甲的干净、整齐；可以化淡妆，但切忌浓妆艳抹、擦有色指甲油或使用有香味的化妆品，整体上以给人清新、文雅、柔美的感觉为宜。

（二）发型服饰

应根据茶艺表演内容选择合适的发型和服饰，基本以中式风格为主，正式表演场合中不可佩戴手表和过多的装饰品；袖口不宜过宽，以免冲泡过程中会沾上茶水或碰到茶具。总体而言，冲泡绿茶时着装不宜太鲜艳，鞋子一般以黑色布鞋或黑色皮鞋为宜，鞋跟以平跟和粗低跟为宜，鞋面要保持干净。

（三）形态举止

对形态举止的要求体现在泡茶过程中的行走、站立、坐姿、手势等方面，要时刻保持端庄的姿态和恰当的言语交流。除此之外，茶艺表演者的表情也会影响品茶人的心理感受，因此在泡茶时应做到表情自然大方、眼神真挚诚恳、笑容亲切和善。

（四）礼仪礼节

茶艺表演过程中应通过一定的礼节来体现宾主之间的互敬互重，常见的礼节有鞠躬礼（一般用于迎宾、送客或开始表演时）、伸掌礼（一般用于介绍茶

图5.1　仪容仪表及发型服饰

具、茶叶、赏茶和请客人传递茶杯等，行礼时五指自然并拢，手心向上，左手或右手自然前伸，同时讲"请观赏""谢谢""请"等）、注目礼和点头礼（一般在向客人敬茶或奉上物品时联合应用）、叩手礼（一般主人给客人奉茶时，客人应以手指轻叩桌面以示感谢）等。此外，还有一些约定俗成的规矩，如斟茶时只能斟到七分满，谓之"从来茶倒七分满，留下三分是人情"；当茶杯排为一个圆圈时，斟茶应按逆时针方向，因为逆时针巡壶的姿势表示欢迎客人，而顺时针方向有逐客之意；类似的，放置茶壶时壶嘴不能正对着客人，这有请客人离开之意。

（五）文艺修养

要想真正理解茶艺蕴含的深厚文化底蕴，离不开日常的学习与积累，除了需要一定的国学功底，还需具备相关的艺术修养。例如，茶席设计的命题往往会引用唐诗宋词等的诗名词牌，茶艺表演常常要融合插花、焚香、书画、琴艺等元素。

二、水之美——水为茶之母

很多茶友可能都会有这样的体验，在茶叶店品尝到的茶口感甚佳，但买回家自己冲泡却不对味，这可能就同冲泡的水质有关了。水与茶相辅相成，素有

图 5.2　站式鞠躬礼

"水为茶之母"之说。如果水质欠佳，就无法充分释放出茶叶的色、香、味，甚至会造成茶汤混浊、滋味苦涩等问题，严重影响品茶体验。

"龙井茶，虎跑水"俗称杭州"双绝"，"扬子江中水，蒙顶山上茶"也是闻名遐迩。明代茶人张大复在《梅花草堂笔谈》中更是写道："茶性必发于水，八分之茶，遇十分之水，茶亦十分矣；八分之水，试十分之茶，茶只八分耳。"可见，佳茗须得好水配，方能相得益彰。何为可冲泡绿茶的"好水"？可从水质、水温、茶水比三个要素中判断。

（一）宜茶之水

最早对泡茶之水提出标准且有记录的是宋徽宗赵佶，他在《大观茶论》中写道："水以清、轻、甘、冽为美。轻甘乃水之自然，独为难得。"后人在此基础上又增加了个"活"字，即"清、轻、甘、冽、活"五项指标俱全的水，才称得上宜茶之水：

1. 水质清

无色无味、清澈无杂的水方能显出茶的本色。

2. 水体轻

所谓"轻"是指水的硬度低，即其中溶解的矿物质少。硬水中含有较多的钙、镁离子和矿物质，这些物质会影响茶汤的颜色和滋味，若是碱性较强或含有较多铁离子，还会导致茶汤发黑、滋味苦涩。因此泡茶用水应选择软水或暂时硬水。

3. 水味甘

甘味之水会在喉中留下甜爽的回味，用这样的水泡茶能够增益茶的美味。

4. 水温冽

自古便有"泉不难于清，而难于寒""冽则茶味独全"的说法，这是因为寒冽之水多出于地层深处的泉脉之中，所受污染少，泡出的茶汤滋味纯正。

5. 水源活

流动的活水有自然净化作用，不易繁殖细菌，且活水中氧气和二氧化碳等气体含量较高，泡出的茶汤尤为鲜爽可口。家用饮水机内的桶装水是典型的死水，因其反复加热使得水中的溶解氧大大减少，且放置时间若是过久还会造成二次污染。

茶圣陆羽在《茶经》中也就水的选择提出了自己的见解："其水，用山水上，江水中，井水下。其山水，拣乳泉石池漫流者上，其瀑涌湍漱勿食之。"意思是用于煮茶的水，山水最佳，江水为次，井水最差；山水方面，以钟乳石滴下的水、石池中慢流的水为最佳，而奔涌湍急的水不要饮用。

表 5.1　冲泡绿茶的水样选择

水样	水质特性	应用注意事项
山泉水	山泉水大多出自重峦叠嶂的山间，终日处于流动状态，有沙石的自然过滤的作用，同时富含二氧化碳和各种对人体有益的微量元素，能使茶的色香味形得到最大发挥	①山泉水不宜放置过久，最好趁新鲜时泡茶饮用 ②所选山泉水应出自无污染的山区，否则其中溶解的有害物质反倒会适得其反 ③不是所有的山泉水都是宜茶之水，如硫黄矿泉水就不能用来沏茶
雪水、雨水	古人称雪水和雨水为"天泉"，属于软水，以之泡茶备受推崇。唐代白居易、元代谢宗可、清代曹雪芹等都赞美过雪水沏茶之妙；雨水则要因时而异，秋雨因天气秋高气爽、空中灰尘少，是雨水中的上品。然而，现如今空气污染严重，雪水和雨水中往往含有大量的有毒有害物质，不仅不宜作养生之用，饮用还有致病的风险	除非出自完全未经污染、自然环境极佳之地，一般而言现在的雪水和雨水已不适宜用于冲泡茶叶
井水	井水是地下水，悬浮物含量少，透明度较高。然而易受周围环境影响，是否宜于泡茶不可一概而论。总体上，深层地下水有耐水层的保护，污染少，水质洁净；而浅层地下水易被地表污染，水质较差。所以深井水比浅井水好	选用前应考察周围的环境，注意附近地区是否曾发生过污染事件。一般而言，城市井水受污染多，多咸味，不宜泡茶；而农村井水受污染少，水质好，适宜饮用
地面水	指江水、河水和湖水，属地表水，含杂质较多，混浊度较高，会影响沏茶的效果。但在远离人烟，抑或是植被繁茂之地，污染物较少，此类地点的江、河、湖水仍不失为沏茶好水	①选用前同样要考虑污染问题 ②很多地表水经过净化处理后也能成为优质的宜茶之水
纯净水、蒸馏水	人工制造出的纯水，采用多层过滤和超滤、反渗透等技术，使之不含任何杂质，并使水的酸碱度达到中性。水质虽然纯正，但含氧量少，缺乏活性，泡出来的茶味道可能略失鲜活	纯净水和蒸馏水由于缺乏矿物质，不建议长期饮用
矿泉水	目前市面上的矿泉水种类较多，是否适合泡茶不能一概而论。有些人工合成的矿物质水，即先经过净化后再加入矿物质的合成水，泡茶效果有失风味	选择时应关注矿泉水的成分和酸碱度，呈弱碱性的天然矿泉水才是泡茶的最佳选择
自来水	是日常生活中最易获得的一类水，但由于自来水中含氯，在水管中滞留较久的还含有较多的铁质，直接用于泡茶将破坏茶汤的颜色和滋味	采用净水器等处理过的自来水同样可成为较好的沏茶用水

（二）冲泡水温

控制水温是冲泡绿茶的关键，要根据所泡茶叶的具体情况和环境温度进行调整，做到"看茶泡茶""看时泡茶"。一般而言，粗老、紧实、整叶的茶要比细嫩、松散切碎的茶水温高。水温过高会使绿茶细嫩的芽叶被泡熟，无法展现优美的芽叶姿态，还会使茶汤泛黄、叶底变暗；水温过低则会使茶的渗透性降低，茶叶浮在汤面，有效成分难以析出，香气挥发不完全。冬季气温较低，水温下降快，冲泡时水温应比其他季节稍高一些。总体而言，高级细嫩的名茶一般用80~85℃水温进行冲泡，大宗绿茶则用85~90℃的水温进行冲泡；冬季水温比夏季水温提高5℃左右。

（三）茶水比例

茶水比不同，茶汤香气的高低和滋味浓淡各异。据研究，茶水比为1:7、1:18、1:35和1:70时，水浸出物分别为干茶的23%、28%、31%和34%，说明在水温和冲泡时间一定的前提下，茶水比越小，水浸出物的绝对量就越大。

在冲泡绿茶时，若茶水比过小则过多的水会稀释茶汤，使得茶味淡、香气薄；相反，若茶水比过大则茶汤浓度过高，滋味苦涩，且不能充分利用茶叶中的有效成分。因此，根据不同茶叶、不同泡法和不同的饮茶习惯，茶水比也要做相应的调整。

绿茶冲泡的大致茶水比应掌握在1:50~1:60为宜，具体而言在玻璃杯或瓷杯中置入约3克茶叶，注沸水150~200毫升即可。若经常饮茶或喜爱饮较浓的茶，茶水比可大些；相反，初次饮茶或喜淡茶者，茶水比要小些。

图5.3　冲泡绿茶水温控制

三、器之美——器为茶之父

茶具，古时称茶器，泛指制茶、饮茶时使用的各种工具，现在专指与泡茶有关的器具。我国地域辽阔、民族众多，茶叶种类和饮茶习惯各具特色，所用器具更是琳琅满目，除具饮茶的实用价值外，更是中华民族艺术和文化的瑰宝。

（一）茶具选择

根据所用材料不同，茶具一般分为陶土茶具、瓷器茶具、玻璃茶具、金属茶具、竹木茶具、漆器茶具及其他材质茶具。其中，瓷器茶具和玻璃茶具是目前广为使用的绿茶冲泡器具。

图 5.4 冲泡绿茶的瓷器茶具

图 5.5 冲泡绿茶的玻璃茶具

1. 瓷器茶具

瓷器是从陶器发展演变而成的，具有胎质细密、经久耐用、便于清洗、外观华美等特点，因其里外上釉而不吸附茶汁，所以是极好的茶具材质。常见瓷器品类有青瓷茶具、白瓷茶具、黑瓷茶具和彩瓷茶具，根据器形的不同还可分为瓷壶和瓷质盖碗，均可用来冲泡绿茶。

2. 玻璃茶具

目前，随着生产的工业化和规模化，玻璃已被广泛应用在日常生活、生产等众多领域。玻璃具备质地透明、传热快、散热快、对酸碱等化学品的耐腐蚀力强、外形可塑性大等优势，因此玻璃杯冲泡绿茶是赏评绿茶的绝佳选择：色泽鲜艳的茶汤、细嫩柔软的茶叶、冲泡过程叶片的舒展和浮动等，均可不受影响、一览无余。此外，玻璃器具不会吸附茶的味道，容易清洗且物美价廉，深受广大消费者的喜爱。

①茶壶
②盖碗
③玻璃杯
④公道杯
⑤品茗杯

图 5.6　冲泡绿茶的主泡器具

（二）主泡器具

主泡器具（主茶具）是指泡茶时使用的主要冲泡用具。包括泡茶壶、盖碗、玻璃杯、公道杯。

①茶壶。泡茶壶是泡茶的主要用具，由壶盖、壶身、壶底和圈足四部分组成。根据容量大小，有200mL、350mL、400mL、800mL等规格。一般情况下用来冲泡绿茶，两三人品茶用200mL壶，四五人品茶用400mL壶。

②盖碗。盖碗既可作泡茶器具，也可以作饮茶碗。盖碗由杯盖、茶碗、杯托三部分组成，又称"三才杯"。杯盖代表天，杯托代表地，茶碗代表人，象征茶为天涵之、地载之、人育之的灵物。

③玻璃杯。玻璃杯为品绿茶时盛放茶汤的器具。按形状可分为敞口杯、直口杯、翻口杯、双层杯、带把杯等，冲泡绿茶较常使用敞口杯，容量大小有150mL、200mL等。

④公道杯。公道杯又称公平杯、茶盅等，是分茶的器

具。如果用茶壶直接分茶，则第一个人和最后一个人的茶汤浓度并不一样，将茶汤首先注入公道杯再注入对应的品茗杯，能够起到均匀茶汤的作用。

⑤品茗杯。品茶及观赏茶汤时的专用茶杯，杯体为圆筒状或直径有变化的流线形状，大小、质地、造型等种类众多，往往可根据整体搭配或个人喜好进行选用。

（三）辅助茶具

辅助茶具是指在煮水、备茶、泡饮等环节中起辅助作用的茶具，经常用到的辅助茶具有煮水壶、茶道组、茶叶罐、茶荷、水盂、杯托、茶巾、奉茶盘、计时器等。

①煮水壶。出于安全、环保、便利等因素考虑，目前使用的煮水壶大多是电热煮水壶，也称"随手泡"，常见材质有金属、紫砂、陶瓷等。

②茶道组。茶道组又称箸匙筒，是用来盛放冲泡所需用具的容器，多为筒状，以竹质、木质为主。箸匙筒内包含的器具有茶夹、茶则、茶匙、茶针和茶漏。

③茶夹。烫洗杯具时用来夹住杯子的器具，分茶时用来夹取品茗杯，起到干净卫生和防止烫手的作用。

④茶则。泡茶时用来量取干茶的工具，它可以很好地控制所取的茶量。一般由陶、瓷、竹、木、金属等制成。

⑤茶匙。泡茶时用来从茶叶罐中取干茶的工具，也可以作拨茶用。

⑥茶叶罐。茶叶罐是用来储存茶叶的容器，常见材质有金属、紫砂、陶瓷、韧质纸、竹木等。茶叶易吸潮、吸异味，茶叶罐的选择直接影响茶叶的存放质量，需具备无杂味、密闭且不透光等性质。

⑦茶荷。茶荷是泡茶时盛放干茶、鉴赏茶叶的茶具。

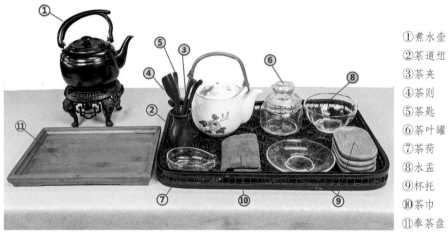

①煮水壶
②茶道组
③茶夹
④茶则
⑤茶匙
⑥茶叶罐
⑦茶荷
⑧水盂
⑨杯托
⑩茶巾
⑪奉茶盘

图5.7 冲泡绿茶的辅助茶具

茶荷的引口处多为半球形，便于投茶。投茶后可向品茶者展示干茶的形状、色泽，闻嗅茶香。茶荷材质有陶、瓷、锡、银、竹、木等，市面上最常见的是陶、瓷或竹质茶荷。冲泡绿茶宜选择细腻的白瓷荷叶造型茶荷，比较符合绿茶之雅趣。

⑧水盂。用来盛放茶渣、废水以及果皮等杂物的器具，多由陶、瓷、木等材料制成。大小不一，造型各异，有敞口形、收口形、平口形等。

⑨杯托。茶杯的垫底器具，多由竹木、玻璃、金属、陶瓷等制成，一般选择与茶杯相配的材质为宜。

⑩茶巾。茶巾也称茶布，可用于擦拭泡茶过程中滴落桌面或壶底的茶水，也可以用来承托壶底，以防壶热烫手。茶巾材质主要有棉、麻、丝等，其中棉织物吸水性好，容易清洗，是最为实用的选择。

⑪奉茶盘。用于奉茶时放置茶杯，以木质、竹质居多，也有

塑料制品。

⑫其他辅助茶具。其他辅助茶具还有茶漏、滤器，以及用于掌握冲泡时间的计时器，如钟、表等。

四、境之美——境为茶之韵

（一）茶艺造境

茶艺特别强调"造境"，不同的环境布置会产生不同的意境效果。一般而言，冲泡绿茶时宜选择场地清幽、装饰简雅、茶具精致的茶室、书斋等，辅以绿色植物搭配；也可选取竹林、松林、草地、溪流等自然环境，以营造"天人合一"的禅道气氛。

俗话说"茶通六艺"，便是指在造境过程中，琴、棋、书、画、诗、曲和金石古玩等皆可作为茶的辅助对象用以渲染气氛，其中音乐和字画同茶艺最为相称。品饮绿茶时最宜选播的三类音乐分别是中国古典名曲，如《高山流水》《汉宫秋月》《凤求凰》等；近代作曲家专门为品茶而谱写的音乐，如《闲情听茶》《香飘水云间》《清香满山月》等；精心录制的大自然之声，如小溪流水、泉瀑松涛、雨打芭蕉、风吹竹林、百鸟啁啾等。

（二）茶席设计

茶席作为境之美的综合体现，其设计融合了茶品选择、茶具组合、席面布置、配饰摆放、空间设计、茶点搭配等内容，既是茶事进行的空间，也是泡茶之人对茶事的认知体现，更是艺术与生活的完美融合。席面布置时，桌布可选用布、绸、丝、缎、葛、竹草编织垫和布艺垫等，也可选用荷叶、沙石、落英等自然材料。具体

绿 茶

茶 席 设 计

作品欣赏

茶席

图 5.8.1　绿茶茶席设计作品欣赏（1）（浙江素业茶叶研究院·供图）

绿 茶

茶席设计

作品欣赏

图 5.8.2　绿茶茶席设计作品欣赏（2）（浙江素业茶叶研究院·供图）

的桌布、茶具和配饰选择应根据茶席的主题来确定，一般绿茶茶席以颜色清新淡雅为宜，宜用玻璃或青瓷茶具。

择选茶点的一般原则是"甜配绿、酸配红、瓜子配乌龙"，绿茶滋味淡雅轻灵，搭配口味香甜的茶点相得益彰，给人带来美妙的味觉享受。此外，清淡的绿茶能生津止渴，促进体内葡萄糖的代谢，所以可以抛开甜点带来的口感生腻或增加体内脂肪等顾虑。水果、干果、糖食、糕饼等均可作为绿茶茶点。

图 5.9 适宜搭配绿茶的茶点

五、艺之美——艺为茶之灵

艺之美主要包括茶艺程序编排的内涵美和茶艺表演的动作美、神韵美、服装道具美等。绿茶的冲泡技艺是茶艺学习的基础。

（一）绿茶玻璃杯冲泡技法

1. 备具

将透明玻璃杯、茶道组、茶荷、茶巾、水盂等放置于茶盘中，并将开水注入壶中备用。

图 5.10　备具

2. 布具

双手（女性在泡茶过程中强调用双手做动作，一则显得稳重，二则表示敬意；男士泡茶为显大方，可用单手）将

器具——布置好。

3. 赏茶

请来宾欣赏茶荷中的干茶。

图 5.12　赏茶

4. 润杯

将开水逐个注入玻璃杯中，令其约占茶杯容量的 1/3，缓缓旋转茶杯使杯壁充分接触开水，随后将开水倒入水盂，杯入杯托。用开水烫洗玻璃杯一方面可以消除茶杯上残留的气味，另一方面干燥的玻璃杯经润洗后可防止水气在杯壁凝雾，以保持玻璃杯晶莹剔透的效果，以便观赏杯中绿茶。

图 5.11　布具

图 5.13　润杯

5. 置茶

用茶匙轻柔地把茶叶投入玻璃杯中。

图 5.14　置茶

6. 浸润泡

以回转手法向玻璃杯中注入少量开水（水量以浸没茶样为宜），浸润时间为 20~60 秒，以促进茶叶中可溶性物质的析出，具体时间可视茶叶的紧结程度而定。

图 5.15　浸润泡

7. 摇香

左手托住茶杯杯底，右手轻握杯身基部，逆时针旋转茶杯。此时杯中茶叶开始散发香气，摇毕可依次将茶杯奉给来宾，以便来宾品评茶之初香，随后再将茶杯依次收回。

图 5.16　摇香

8. 冲泡

"凤凰三点头"是绿茶茶艺中常用的冲泡技艺，即冲水时手持水壶有节奏的三起三落且水流不间断，以示对嘉宾的敬意。冲水量需控制在杯子总容量的七分满，一则可避免奉茶时如履薄冰的窘态，二则是因为向来有"浅茶满酒"之说，七分茶三分情意。

图 5.17　冲泡

9. 奉茶

向宾客奉茶，行伸掌礼。

图 5.18　奉茶

10. 品饮

先观赏玻璃杯中的绿茶汤色，接着细细嗅闻茶汤的香气，随后小口啜饮细品绿茶滋味。

图 5.19　品饮

11. 收具

按照"先布之具后收"的原则将茶具一一收置于茶盘中。

图 5.20　收具

（二）绿茶盖碗冲泡技法

1. 备具

将盖碗、茶道组、茶荷、茶巾、水盂等放置于茶盘中，并将开水注入壶中备用。

图 5.21　备具

2. 布具

依次将器具布置好。

图 5.22　布具

3. 赏茶

请来宾欣赏茶荷中的干茶。

图 5.23　赏茶

4. 润具

将开水注入盖碗内，旋转一圈后倒入水盂。

图 5.24　润具

5. 置茶

用茶匙轻柔地把茶叶投入盖碗中。

图 5.25　置茶

6. 浸润泡

以回转手法向盖碗中注入少量开水，水量以浸没茶样为度。

图 5.26　浸润泡

7. 摇香

左手托住盖碗碗底，右手轻握盖碗基部，逆时针旋转盖碗。

图 5.27　摇香

8. 冲泡

用"凤凰三点头"的手法向盖碗内注水至碗沿下方，左手持盖并盖于碗上。

图 5.28　冲泡

9. 奉茶

向宾客奉茶，行伸掌礼。

图 5.29　奉茶

10. 品饮

将盖碗连托端起，提起碗盖置于鼻

前，轻嗅盖上留存的茶香；然后撇去茶汤表面浮叶，同时观赏汤色；最后细品绿茶的滋味。

图 5.31　收具

（三）绿茶瓷壶冲泡技法

1. 备具

将瓷壶、熟盂、品茗杯、随手泡、茶道组、茶荷、茶巾、水盂等放置于茶盘中，并将开水注入壶中备用。

图 5.30　品饮

11. 收具

按照"先布之具后收"的原则将茶具一一收置于茶盘中。

图 5.32　备具

2. 布具

依次将器具布置好。

图 5.33　布具

3. 赏茶

请来宾欣赏茶荷中的干茶。

图 5.34　赏茶

4. 润具

先将开水冲入白瓷瓷壶中，回转一圈后将水注入熟盂中。旋转熟盂一圈后将水注入品茗杯。

图 5.35　润具

5. 晾 水

将开水冲入熟盂中，使水降温。

图 5.36　晾水

6. 置 茶

用茶匙轻柔地把茶叶投入白瓷瓷壶中。

图 5.37　置茶

7. 浸润泡

以回转手法向瓷壶中注入少量热水，水量以浸没茶样为度。

图 5.38　浸润泡

8. 摇 香

左手托住壶底，右手握住壶把，逆时针旋转一圈。

图 5.39　摇香

9. 冲 泡

用回转手法将熟盂内的水注入壶中，随后盖上壶盖。

图 5.40　冲泡

10. 温杯

在冲泡等待间隙，向茶杯中注入半杯左右的热水进行温杯，并转动品茗杯使其均匀受热，随后将水倒入水盂中。

图 5.41　温杯

11. 分茶

将壶中茶汤注入品茗杯中。

图 5.42　分茶

12. 奉茶

向宾客奉茶，行伸掌礼。

图 5.43　奉茶

13. 品饮

观其色、嗅其香、品其味。

图 5.44　品饮

14. 收具

按照"先布之具后收"的原则将茶具一一收置于茶盘中。

图5.45　收具

六、中国茶德

茶德是茶物质及精神属性的核心涵盖。"茶"与"德"被联系在一起的记载最早出现于茶圣陆羽《茶经·一之源》中:"茶之为用,味至寒,为饮最宜精行俭德之人。"此句将饮茶这种日常的生活内容提升到了精神层面,标志着中国古代茶精神文化的确立。

首先将"茶德"作为一个完整理念提出的是唐朝官员刘贞亮,他在《茶十德》一文中概括了饮茶十德:"以茶散郁气,以茶驱睡气,以茶养生气,以茶除病气,以茶利礼仁,以茶表敬意,以茶尝滋味,以茶养身体,以茶可行道,以茶可雅志。"其中既有对健康养生的理解,也有对人生哲理的阐述。如果说陆羽所言的茶德更注重个人品德修养的话,那么刘贞亮的饮茶十德则将其扩大到了"和敬待人"的人际关系上。

当代茶人对于茶德的精神文化内涵也不断有新的理解,其中以茶学泰斗庄晚芳(1908—1996)提出的中华茶德"廉、美、和、敬"最为清晰完整:

廉俭育德——清茶一杯涤凡心,清廉俭朴好品行。

美真康乐——茶美水美意境美,心旷神怡人生乐。

和诚处世——以茶广结人间缘,和衷共济天地宽。

敬爱为人——敬人爱民为本真,律己扬善常感恩。

中华茶德蕴涵着我国五千年的社会规范与人生哲理,彰显着我国茶文化从古至今的文化内涵及未来发展趋势,而对中华茶德的解读也在随着时代发展不断提升丰富。在加强物质文明建设与精神文明建设的今天,我们仍应该以茶教化、习茶做人,在一盏茶中践行中华民族的传统美德与处世哲学。

图 5.46 茶学泰斗庄晚芳先生所题中国茶德

第六篇
绿茶之鉴——慧眼识真辨茗茶

　　茶叶是我国农业生产中的经济作物之一，也是商品流通领域中的重要物质，需采用一定的手段与方式对其进行评定。绿茶的感官审评即通过审评方法对绿茶的外形、汤色、滋味、香气、叶底等因子进行评定，分出绿茶的高低优劣。感官审评结果既在绿茶的加工方面具有指导意义，也在消费者选购和贮藏茶叶方面有突出的参考价值。

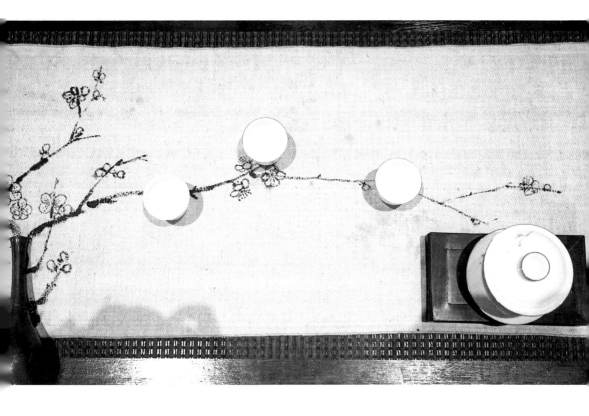

一、绿茶审评操作

（一）感官审评器具

绿茶审评是一项科学、严谨的工作，最好在专业的审评室内进行。一般专业审评室配备的审评用具规格如下：

表 6.1 茶叶审评用具

审评用具	用途	规格
干评台	用于评定茶叶外形，一般设置于靠窗位置，上置样茶罐和样茶盘	台面为黑色。高 900mm，宽 600~700mm，长度视审评室大小及日常工作量而定
湿评台	用于开汤审评茶叶内质。置于干评台后，间距 1.0~1.2m，前后平行	一般为白色。高 800mm，宽 450~600mm，长度视审评室大小及日常工作量而定
审评盘	用于放置待审评的茶叶	一般为木质，白色。有正方形（230×230×30mm）和长方形（250×160×30mm）两种规格
审评杯	用来泡茶和审评茶叶香气	瓷质纯白，一套杯子厚薄、大小、颜色、深浅力求均匀一致 国际标准审评杯高 65mm、内径 62mm、外径 66mm，杯柄有锯齿型缺口，杯盖内径为 61mm、外径 72mm，盖上有一小孔，容量为 150mL
审评碗	用来盛放茶汤、审评汤色	特制的广口白色瓷碗。国际标准审评碗外径 95mm、内径 86mm、高 52mm，毛茶用的审评碗容量为 250mL，精茶为 150mL
汤杯和汤匙	用于取茶汤审评其滋味，使用前需开水温烫	汤杯为白瓷小碗，汤匙为白瓷匙

续表

审评用具	用途	规格
叶底盘	用于审评叶底	精茶采用黑色小木盘，规格为 100×100×20mm；毛茶和名茶采用白色搪瓷漂盘
样茶秤	用于称取茶叶	常用小天平代替，精确到 0.1g
计时器	用于审评计时	常用定时器、定时钟等，也可用手机、钟表等代替
烧水壶	用于烧制开水	普遍使用电热壶，也可用一般的烧水壶配置电炉或液化气燃具

审评杯

审评碗

汤杯、汤匙

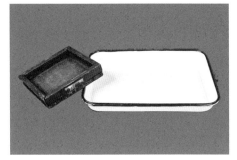

叶底盘

图 6.1　茶叶审评用具

图6.2　茶叶审评室

如果在非专业正式场合按照茶叶审评方法进行实用性茶叶审评，除专用规格的审评杯和样茶秤必不可少之外，其他设备均可用家常器具代替。

（二）感官审评操作及审评因子

绿茶感官审评项目包括干评和湿评，干看外形（形状、色泽、整碎、净度），湿评内质（汤色、滋味、香气、叶底）。

首先进行干茶审评，之后开汤按3.0g茶、150mL沸水冲泡4分钟的方式进行操作（使用样茶秤称取3.0g茶样，沸水倒至审评杯缺口处即可，因为其容量为150mL），令茶与水的比例为1：50。开汤审评通常是先快看汤色，后闻香气，再尝滋味，最后评叶底。

绿茶审评的操作流程如下：把盘→看外形→取样→称样→置茶→冲泡→沥茶汤→观汤色→闻香气→尝滋味→评叶底。

①把盘。双手握住样茶盘，稍稍倾斜，通过回转运动，把上、中、下段茶分开，有利于外形的审评。

图6.3　把盘

②看外形。主要从嫩度、形状、色泽、整碎、净度等几个方面去辨别。

图6.4　干茶外形

③取样。用拇指、食指和中指从审评盘中抓取样茶。

图6.5　取样

④称样。用样茶秤称取3.0g茶叶。

图6.6　称样

⑤置茶。将准确称取的茶样放入已准备好的审评杯中。

图6.7　置茶

⑥冲泡。冲入沸水至杯沿缺口处，加盖并开始计时4分钟（大宗绿茶冲泡时间为5分钟）。

图6.8　冲泡

⑦沥茶汤。计时结束后，将审评杯的杯沿缺口向下，平放在审评碗口上，沥尽审评杯中的所有茶汤。

图6.9　沥茶汤

⑧观汤色。主要看茶汤的色泽种类、深浅、明亮度和清浊度并用术语进行描述。

图6.10　观汤色

⑨闻香气。将已沥出茶汤的审评杯移至鼻前，半启杯盖，深吸闻1~2次，每次2~3秒，嗅其纯度、高度、持久度等。

图6.12　尝滋味

⑪评叶底。将叶底倒于叶底盘上，评其嫩度、色泽、整碎、大小、净度等，可用目视、手指按压、牙齿咀嚼等方式审评。

图6.11　闻香气

⑩尝滋味。当茶汤温度降至50℃左右，将大半匙（约5~8mL）茶汤放入口中，让茶汤在舌面滚动，使舌面充分接触茶汤，尝其浓淡、强弱、纯异等。

图6.13　评叶底

表6.2　绿茶审评项目与因子分析

审评项目	审评因子	考量因素
看外形	嫩度	一般芽比例高的绿茶嫩度较好
	形状	有长条形、圆形、扁形、针形等等
	色泽	主要从颜色的种类、均匀和光泽度去判断，好茶要求色泽一致，光泽明亮，油润鲜活
	整碎	整碎就是茶叶的外形和断碎程度，以匀整为好，断碎为次
	净度	主要看茶叶中是否混有茶片、茶梗、茶末、茶籽和制作过程中混入的竹屑、木片、石灰、泥沙等夹杂物的多少
观汤色	色度	观察色度类型及深浅，主要从正常色、劣变色和陈变色三方面去看
	亮度	指茶汤的明暗程度，一般亮度好的品质佳。绿茶看碗底，反光强即为明亮
	清浊度	以清澈透明、无沉淀物为佳。注意应将绿茶的茸毛与其他引起浑浊的物质分开

续表

审评项目	审评因子	考量因素
闻香气	香型	有清香、甜香、嫩香、板栗香、炒米香等
	纯异	常见的异味有烟焦味、霉陈味、水闷味、青草气等
	高低	可用"浓、鲜、清、纯、平、粗"六个字进行区分
	长短	即香气的持久性,以高而长为佳,高而短次之,低而粗又次之
尝滋味	纯异	审评滋味时应先辨其纯异,纯正的滋味才能区分其浓淡、强弱、厚薄。不纯的滋味主要指滋味不正或变质有异味
	浓淡	浓指浸出的内含物丰富,茶汤中可溶性成分多;淡则指内含物浸出少,淡薄缺味
	强弱	描述茶汤的刺激性,强指刺激性强或富有收敛性,吐出茶汤后短时间内味感增强,弱则相反
	醇和	醇表示茶味尚浓,但刺激性欠强,和表示茶味平淡
	爽涩	用于描述滋味的鲜爽度
评叶底	嫩度	通过色泽、软硬、芽的多少及叶脉情况进行判断
	匀度	主要从厚薄、老嫩、大小、整碎、色泽是否一致来判断
	色泽	主要看色度和亮度,其含义与干茶色泽相同

(三)感官审评术语

茶叶审评术语是指在茶叶品质审评中描述某项审评因子的专业性词汇。绿茶因花色、规格繁多,评茶术语也是多种多样,一般从外形、汤色、香气、滋味、叶底五个方面对其进行描述。值得注意的是,部分审评术语能用于描述多个审评因子,且部分审评术语可以组合使用,描述过程中还可在主体词前加上"显、有、较、尚、欠、带"等副词以说明差异程度。

1. 外形评语

表 6.3　绿茶常用外形评语

评语	描述	适用范围
嫩匀	细嫩，形态大小一致	多用于高档绿茶，也用于叶底
细嫩	芽叶细小，显毫柔嫩	多用于春茶期的小叶种高档茶，也用于叶底
细紧	条索细，紧结完整	多用于高档条形绿茶
细长	紧细苗长	多用于高档条形绿茶
紧结	茶叶卷紧结实，其嫩度稍低于细紧	多用于高、中档条形茶
扁平光滑	茶叶外形扁直平伏，光洁光滑	多用于优质龙井
扁片	粗老的扁形片茶	多用于扁茶
糙米色	嫩绿微黄	多用于描述早春狮峰特级西湖龙井的干茶色
卷曲	茶条呈螺旋状弯曲卷紧	多用于卷曲形绿茶
嫩绿	浅绿新鲜，似初生柳叶般富有生机	也用于汤色、叶底
枯黄	色黄无光泽	多用于粗老绿茶
枯灰	色泽灰，无光泽	多用于粗老茶
肥嫩	芽叶肥、锋苗显露，叶肉丰满不粗老	多用于高档绿茶，也用于叶底
肥壮	芽叶肥大，叶肉厚实，形态丰满	多用于大叶种制成的条形茶，也用于叶底
银灰	茶叶呈浅灰白色，略带光泽	多用于外形完整的多茸毫、毫中隐绿的高档烘青型或半烘半炒型名优绿茶
墨绿	色泽呈深绿色，有光泽	多用于春茶的中档绿茶
绿润	色绿鲜活，富有光泽	多用于高档绿茶
短碎	茶条碎断，无锋苗	多因条形茶揉捻或轧切过重引起
粗老	茶叶叶质硬，叶脉隆起，已失去萌发时的嫩度	多用于各类粗老茶，也用于叶底
匀净	大小一致，不含茶梗及夹杂物	多用于采、制良好的茶叶，也用于叶底
花杂	色泽杂乱，净度较差	也用于叶底

2. 汤色评语

表 6.4　绿茶常用汤色评语

评语	描述	适用范围/通用性/形成原因
明亮	茶汤清澈透明	也用于叶底
清澈	洁净透明	多用于高档烘青茶
黄亮	颜色黄而明亮	多用于高、中档绿茶，也用于叶底
嫩绿	浅绿微黄透明	名优绿茶以嫩绿为好，黄绿次之，黄暗为下
黄绿	色泽绿中带黄，有新鲜感，绿多黄少	多用于中、高档绿茶，也用于叶底
绿黄	绿中多黄	也用于叶底
黄暗	汤色黄显暗	多用于低档绿茶，也用于叶底
嫩黄	浅黄色	多用于干燥工序火温较高或不太新鲜的高档绿茶，也用于叶底
泛红	发红而缺乏光泽	多用于杀青温度过低或鲜叶堆积过久、茶多酚产生酶促氧化的绿茶，也用于叶底
浑浊	茶汤中有较多悬浮物，透明度差	多见于揉捻过度或酸、馊等不洁净的劣质茶

3. 香气评语

表 6.5　绿茶常用香气评语

评语	描述	适用范围
嫩香	柔和、新鲜、优雅的毫茶香	多用于原料幼嫩、采摘精制的高档绿茶
清香	多毫的烘青型嫩茶特有的香气	多用于高档绿茶
板栗香	又称嫩栗香，似板栗的甜香	多用于火工恰到好处的高档绿茶和极个别品种茶
高锐	香气高锐而浓郁	多用于高档茶
高长	香高持久	多用于高档茶
清高	清纯而悦鼻	多用于杀青后快速干燥的高档烘青和半烘半炒型绿茶
海藻香	具有海藻、苔菜类的味道	多用于日本产的高档蒸青绿茶，也用于滋味
浓郁	香气高锐，浓烈持久	多用于高档茶
香高	茶香浓郁	多用于高档茶
钝熟	香气、滋味熟闷，缺乏爽口感	多用于茶叶嫩度较好，但已失风受潮或存放时间过长、制茶技术不当的绿茶，也用于滋味

续表

评语	描述	适用范围
高火香	似炒黄豆的香气	多用于干燥过程中温度偏高制成的茶叶
焦糖气	足火茶特有的糖香	多因干燥温度过高，茶叶内所含成分开始轻度焦化所致
纯正	香气正常、纯正	多用于中档茶（茶香既无突出优点，也无明显缺点）
纯和	香气纯而正常，但不高	多用于中档茶
平和	香味不浓，但无粗老气味	多用于低档茶，也用于滋味
粗老气	茶叶因粗老而表现的内质特征	多用于各类低档茶，也用于滋味
水闷气	沉闷沤熟的令人不快的气味	常见于雨水叶或揉捻叶闷堆不及时干燥等原因造成，也用于滋味
青气	成品茶带有青草或鲜叶的气息	多用于夏秋季杀青不透的低档绿茶
陈气/味	香气或滋味不新鲜	多见于存放时间过长或失风受潮的茶叶，也用于滋味
异气	油烟、焦、馊、霉等异味	多见于因存放不当而沾染其他气味的茶叶

4. 滋味评语

表6.6　绿茶常用滋味评语

评语	描述	适用范围
鲜爽	鲜美爽口，有活力	多用于高档茶
鲜醇	鲜爽甘醇	多用于高档茶
鲜浓	茶味新鲜浓爽	多用于高档茶
嫩爽	味浓，嫩鲜爽口	多用于高档茶
浓厚	茶味浓度和强度的合称	多用于高档茶
清爽	茶味浓淡适宜，柔和爽口	多用于高档茶
清淡	茶味清爽柔和	用于嫩度良好的烘青型绿茶
柔和	滋味温和	用于高档绿茶
醇厚	茶味厚实纯正	用于中、高档茶
收敛性	茶汤入口后口腔有收紧感	高中低档茶均适用
平淡	味淡平和，浓强度低	多用于中、低档茶
苦涩	茶汤既苦又涩	多见于夏秋季制作的大叶种绿茶
青涩	味生青，涩而不醇	常用于杀青不透的夏秋季绿茶
火味	似炒熟的黄豆味	多见于干燥工序中锅温或烘温太高的茶叶

5. 叶底评语

表 6.7　绿茶常用叶底评语

评语	描述	适用范围
鲜亮	色泽新鲜明亮	多用于新鲜、嫩度良好而干燥的高档绿茶
绿明	绿润明亮	多用于高档绿茶
嫩匀	芽叶匀齐一致，细嫩柔软	多用于高档绿茶
柔嫩	嫩而柔软	多用于高档绿茶
柔软	嫩度稍差，质软，手按后伏贴在盘底	多用于中、高档绿茶
芽叶成朵	茎叶细嫩而完整相连	多用于高档绿茶
叶张粗大	大而偏老的单片及对夹叶	多用于粗老的叶底
红梗红叶	绿茶叶底的茎梗和叶片局部带暗红色	多见于杀青温度过低、未及时抑制酶活性，致使部分茶多酚氧化水不溶性的有色物质沉积于叶片组织
青张	叶底中夹杂色深较老的青片	多用于制茶粗放、杀青欠匀欠透、老嫩叶混杂、揉捻不足的绿茶

二、绿茶品质特征

　　绿茶品类众多，本书暂选取部分名优绿茶进行审评以提供参考。需要注意的是，即使是同一种茶叶，不同的年份、产地、等级等也会产生不同的品质特征。

表6.8 部分名优绿茶审评单

样品	外形	汤色	香气	滋味	叶底
西湖龙井（浙江杭州）	扁平挺直，光削，匀整，嫩绿油润	嫩绿明亮	嫩香显，馥郁	醇厚，甘爽	嫩厚成朵，匀齐，嫩绿明亮
洞庭碧螺春（江苏吴中区）	细紧纤秀，卷曲多毫，嫩绿油润	嫩绿明亮	嫩香清鲜	醇厚，甘爽	幼嫩成朵，匀齐，嫩绿鲜亮
蒙顶甘露（四川名山区）	细紧卷曲，多毫，嫩绿，油润	嫩绿明亮	嫩香显，鲜爽	浓厚，鲜爽	幼嫩成朵，匀齐，嫩绿明亮
径山茶（浙江余杭）	细紧卷曲，白毫显露，嫩绿带翠，油润	嫩绿明亮	清鲜，有花香	鲜醇	细嫩成朵，嫩绿鲜亮
南京雨花茶（江苏南京）	细紧挺直，似松针，有毫，匀整，深绿油润	嫩黄明亮	清高	浓醇，鲜爽	幼嫩多芽，匀齐，嫩绿明亮
信阳毛尖（河南信阳）	细，紧，直，显毫，嫩绿油润	嫩黄明亮	清高	浓醇	幼嫩成朵，嫩绿明亮
涌溪火青（安徽泾县）	盘花成颗粒状，腰圆形，紧结有毫，墨绿油润	嫩绿明亮	清高，甘爽	浓醇，鲜爽	嫩厚成朵，匀齐，嫩绿明亮
安吉白茶（浙江安吉）	凤尾形，匀整，鲜绿油润	嫩绿明亮	清高，鲜爽	浓醇，鲜爽	嫩厚成朵，匀齐，嫩白鲜亮
黄山毛峰（安徽黄山）	兰花形，匀整，嫩绿鲜润	浅嫩绿明亮	嫩爽	甘和	嫩厚成朵，匀齐，嫩绿明亮
太平猴魁（安徽黄山）	玉兰花形，扁直（两叶抱一芽），苍绿油润	嫩黄明亮	清高	浓醇，鲜爽	嫩厚成朵，嫩绿明亮
六安瓜片（安徽六安）	单片，不带茎梗，叶边背卷成条，匀整，色泽深绿起霜	绿亮	高爽	浓醇，较爽，火工足	嫩单片，匀齐，嫩绿明亮
武阳春雨（浙江武义县）	全芽，匀整，嫩绿油润	浅嫩绿，清澈明亮	花香，嫩香，栗香	浓爽，带花香	全芽肥嫩，匀齐，嫩绿明亮

三、绿茶选购技巧

绿茶加工过程中，高温钝化了酶的活性，阻止了茶叶中多酚类物质的酶促氧化，保持了绿茶"清汤绿叶"的品质特征；且由于高温湿热的作用，部分多酚类发生氧化、热解、聚合和转化，水浸出物的总含量有所减少，多酚类约减少 15%。这不但使绿茶茶汤呈嫩绿或黄绿色，还减少茶汤的苦涩味，使之变得爽口。那么在日常生活中，如何运用一些方法买到色香味俱佳的绿茶呢？

（一）观验干茶

选购前应先看干茶。首先将其握于手中捏一下判断干湿情况，能捏碎说明水分含量较少，捏后不变形说明茶叶可能已受潮，这种茶叶易发霉变质不耐贮存，故不宜购买；然后进一步观验外形、色泽、嫩度等因子来判断茶叶的优劣。

表 6.9　优质绿茶与次质绿茶外形因子评定表

品质因子	外形	色泽	嫩度
优质绿茶	扁形绿茶茶条扁平挺直、光滑，卷曲形或螺形绿茶条索紧细，质重匀齐	茶芽翠绿、油润光亮	白毫或锋苗显露，身首重实
次质绿茶	外形看上去粗糙、松散、结块、短碎者均为次质	色泽深浅不一，枯干、花杂、细碎，灰暗而无光泽等情况的均为次质	芽尖或白毫较少，茶叶外形粗糙，叶质老，身首轻

值得注意的是，白毫即嫩芽经过烘焙后形成的白色茸毛，一般茶芽越嫩，制成的茶叶越是白毫显露且紧附茶叶，然而这种方法只适用于毛峰、毛尖、银针等茸毛类茶；西湖龙井、竹叶青等经过脱毫处理的绿茶白毫含量很少。至于香气方面，可将干茶投入经沸水烫盏的杯中充分嗅闻，质量越好的绿茶，香味越浓郁扑鼻，有青草气等杂味者均为次质。

图 6.14　优质龙井与次质龙井干茶对比（左质优，右质次）

（二）冲泡品评

表 6.10　优质绿茶与次质绿茶香气、汤色、滋味因子评定表

品质因子	香气	汤色	滋味
优质绿茶	香气要清爽、醇厚、浓郁、持久，并且新鲜纯正，没有其他异味	茶汤色丽艳浓、澄清透亮，无混杂	先感稍涩，而后转甘，鲜爽醇厚
次质绿茶	香气淡薄，持续时间短，无新茶的新鲜气味	茶汤亮度差，色淡，略有浑浊	味淡薄、苦涩或略有焦味

香气方面主要考察其纯度、香气类型及持久性等；汤色方面主要通过其明亮程度来判断，优质茶的汤色是比较亮的，如下图中的茶样从左至右的汤色随着等级升高越来越明亮；而滋味审评一般是口含 5mL 茶汤 1~2s，并让茶汤先后在舌尖两侧和舌根滚动，充分体会滋味特征。

图 6.15　不同等级茶的干茶、茶汤、叶底对比图（由左至右等级越来越高）

最后是评叶底，根据其嫩度、均匀度和色泽进行鉴定

（三）国家地理标志保护产品

购买知名品牌茶叶以及认准国家地理标志是茶叶新手购买优质茶叶的重要依据。西湖龙井、黄山毛峰、碧螺春、信阳毛尖、六安瓜片、太平猴魁等众多知名绿茶及其原产地均受到国家地理标志的保护。"橘生淮南则为橘，生于淮北则为枳"。茶叶也是如此，同一品种生长于不同环境条件下，制作出的茶叶特质也会有所差别。依托于严格的生产机制、审核规则及特有的历史文化背景，在原产地生产出售的茶叶往往会更受消费者的青睐。

中国地理标志产品保护制度的建立是以 1999 年原国家质量技术监督局发布的《原产地域产品保护规定》为标志。国家质量监督检验检疫总局、国家工商行政管理总局、农业部分别通过国家地理标志保护产品（PGI）、地理标志商标（GI）、农产品地理标志（AGI）三个标志对消费者购买地理标志产品进行指导。

由于国家行政机构的变更与调整，2021 年起国家知识产权局将上述"三标"统一合并为"国家地理标志专用标志"，至此，国家地理标志专用标志正式打破原有的"三标并存"局面，成为如今使用的地理产品监督管理标志。

值得一提的是，部分头部茶叶品牌为更好地对原产地及生产质量进行保护与管理，还针对本品牌配套了相应的管

图6.16 原有中国农产品地理标志、地理标志商标、地理标志保护产品

理规范和防伪溯源标志。以西湖龙井为例，杭州市在2022年颁布了的《杭州市西湖龙井茶保护管理条例》，自3月1日起正式施行。《条例》明确提出了对西湖龙井茶防伪溯源专用标识的管理，该标识包含了主体、年份、规格、编号、防伪信息等内容。每一份产自保护区的西湖龙井茶都会配有相应的产地证明标识，消费者扫描相应的二维码就能查验真伪、追溯来源。

图6.17 2021年起使用的新版国家地理标志专用标志

四、绿茶保鲜贮存

绿茶极易吸湿、吸异味，在自然环境条件下容易变质，即使在没有开封的情况下长时间存放也会失去香味。因此在贮藏方面要下足工夫，若贮存不当，买到再好的绿茶也无法体验其真味。

图6.18 2022年西湖龙井茶防伪溯源专用标识

（一）绿茶贮存五大忌

1. 忌潮湿

茶叶易吸潮发生霉变，贮存时应避免放置于潮湿之地，含水量应控制在 6% 以下，最好是 4% 左右。

2. 忌阳光直射

光线直射会加速茶叶中的各种化学反应，导致茶叶色素氧化变色、芳香物质分解破坏等。因此，不要将茶叶贮存在玻璃容器或透明塑料袋中，应避光保存。

3. 忌空气

绿茶中很多成分易与空气中的氧气结合，氧化后的绿茶会出现汤色变红、香气变差、营养价值降低等现象。因此，贮存绿茶时应避免将其暴露在空气中，一旦开封便要尽快饮用。

4. 忌高温

高温会破坏茶叶中的有效成分，严重影响茶叶色泽、香气和滋味。一般绿茶的最佳贮存温度为 0~5℃，最好能放在专用冰箱内进行冷藏保存。

5. 忌异味

茶叶极易吸收异味，如果将其与有异味的物品混放，就会吸收异味且无法释出。因此在贮存茶叶时最好将其单独存放，避免受其他气味的影响。

（二）绿茶贮存五方法

1. 低温贮存法

将绿茶放在冰箱、冷藏柜中保存，冷藏温度维持在 0~5℃为宜；若贮藏期超过半年，则以冷冻（−18~−10℃）效果较佳。最好能有专门的贮茶冰柜，如不得不与其他食物混放，则应完全密封以免吸附异味。从冷柜内取出茶叶时，应待茶罐温度回升至与室温相近时再取出茶叶，否则骤然打开茶罐容易使茶叶表面凝结水汽，会加速劣变。

2. 瓦坛贮存法

用牛皮纸或其他质地厚实的纸张（切忌用报纸等异味纸张）把绿茶包好，在瓦罐内沿四周摆放，中间放块状石灰包，石灰包的大小视茶叶数量而定，然后用软草纸垫盖坛口，减少空气进入。每过 2~3 个月检查一次内部石灰的吸湿程度，当其变成粉末时应及时更换。如一时没有块状石灰更换，也可用硅胶代替：当硅胶呈粉红色时取出烘干，待其变为绿色时再用，在此条件下绿茶一般可保持 6~10 个月。

3. 金属罐贮存法

可选用铁罐、不锈钢罐或质地密实的锡罐。其中，锡罐材料致密，对防潮、阻光、防氧化、防异味有较好的效果，是很好的选择。如果是新买的罐子，或原先存放过其他物品而有残存味道的罐子，可先将少许茶末置于罐内，盖上盖子并上下左右摇晃后将茶末倒弃，以去除异味。此外应注意的是，不要将茶叶直接与铁等金属接触，避免发生化学反应而影响茶叶品质。

4. 铝箔袋贮存法

铝箔袋具有无毒无味、耐高温（121℃）、耐低温（-50℃）、耐油、价格低廉等优势，柔软性、热封性、机械性、阻隔性、保香性均较强，能有效防水、防潮、防异味，很适合储存绿茶。

5. 热水瓶贮存法

热水瓶也可以作为贮存茶叶的器皿，将绿茶放置于瓶胆内，盖好塞子，若暂时不作饮用之途，可用蜡封口以防止漏气，延长保存时间。由于瓶内空气少，温度相对稳定，瓶内的茶叶可以保存数月。但要注意所选用的热水瓶胆隔层不能有破损，内壁的水垢也要清除干净，以免污染茶叶。

第七篇
绿茶之效——万病之药增人寿

　　茶作为风靡世界的三大非酒精饮料之一，不仅在中国被视为"国饮"，更因其突出的保健功效而被世界各国所青睐。其中绿茶为天然物质保留较多的茶类之一，如茶多酚、咖啡碱保留率在85%以上，叶绿素保留率在5%左右，维生素等的损失也较其他茶类少，由此也使绿茶具有了"清汤绿叶，滋味收敛性强"的特点。

清塘荷韵（三峡旅游职业技术学院 刘梦林 指导老师：王安琪）

一、绿茶的功效成分

经过分离鉴定，目前检测到茶叶中含有 700 多种化合物，主要包括果胶物质、茶多酚类、生物碱类、氨基酸类、糖类、有机酸、灰分等，它们共同构成了茶叶的品质和滋味。

绿茶中的主要功效成分有茶多酚、咖啡碱、茶氨酸、维生素及微量元素。

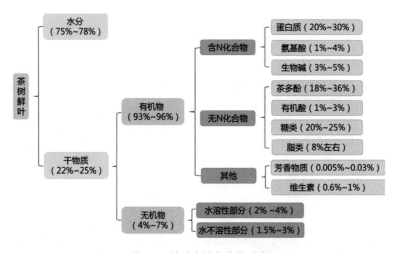

图 7.1　茶叶中的化合物种类

（一）茶多酚

茶多酚是茶叶中多酚类物质的总称，可分为黄烷醇类（儿茶素类）、黄酮及黄酮醇类（花黄素类）、花青素类和花白素类、酚酸和缩酚酸类。其中儿茶素类化合物是茶多酚中最具保健价值的部分，约占茶多酚总量的 70% ~80%，主要包括儿茶素（catechin, C）、表儿茶素（epicatechin, EC）、没食子儿茶素（gallocatechin, GC）、表没食子儿茶素（epigallocatechin, EGC）、儿茶素没食子酸酯（catechin gallate, CG）、表儿茶素没食子酸酯（epicatechin gallate, ECG）、没食子儿茶素没食子酸酯

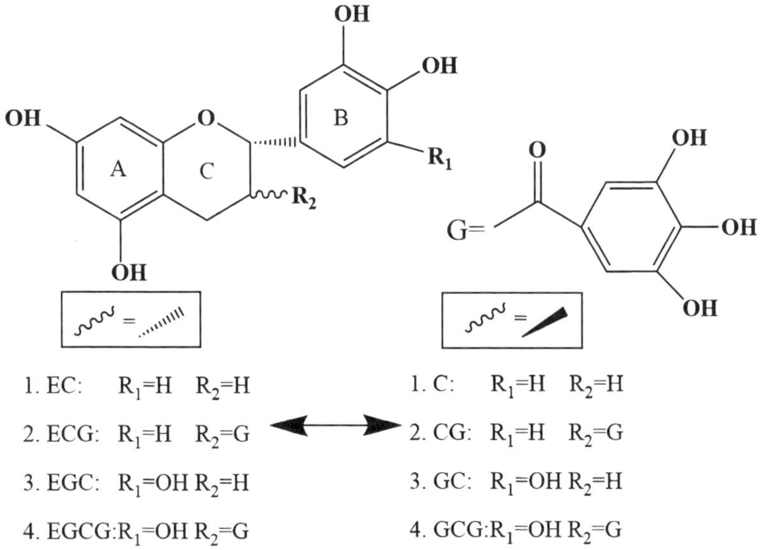
OH
OH
OH
O
B
R_1
A
C
R_2
OH
O
OH
G=
OH
OH
1. EC: R_1=H R_2=H
2. ECG: R_1=H R_2=G
3. EGC: R_1=OH R_2=H
4. EGCG: R_1=OH R_2=G
1. C: R_1=H R_2=H
2. CG: R_1=H R_2=G
3. GC: R_1=OH R_2=H
4. GCG: R_1=OH R_2=G

图 7.2　8 种主要儿茶素类化合物的分子结构式

（gallocatechin gallate, GCG）及表没食子儿茶素没食子酸酯（epigallocatechin gallate, EGCG）8 种单体。茶多酚是形成茶叶色香味的主要成分之一，我们饮茶时常感受到的涩味主要就是由其引起的。

在六大茶类中，绿茶中茶多酚的含量最高，达 20%~30%。研究表明，茶多酚具有降血脂、降血糖、防止血管硬化、消炎抑菌、防辐射、抗癌、抗突变等作用。

（二）咖啡碱

咖啡碱是嘌呤衍生物，在茶叶中的含量一般在 2%~4%，有苦味，具有兴奋中枢神经系统、解除大脑疲劳、加强肌肉收缩、强心利尿、减轻酒精和烟碱的毒害等药理功效。众所周知，茶叶提神醒脑的功效便源于其中富含的咖啡碱成分；且茶叶中的咖啡碱常和茶多酚呈络合状态存在，能够抑制咖啡碱在胃部产生刺激作用，可大大缓解咖啡碱本身的刺激性。

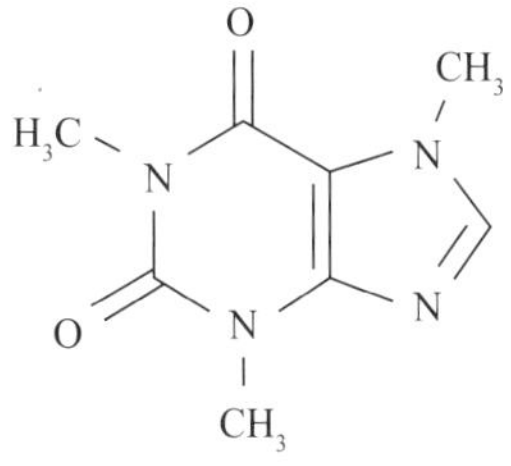
O
CH_3
H_3C
N
N
N
O
N
CH_3

图 7.3　咖啡碱分子结构式

虽然目前的普遍认知为适量摄入咖啡碱不会对人体造成损害，但是对于咖啡碱敏感的特殊人群来说，若是一次性摄入 10mg 及以上的咖啡碱，仍会产生某些不适症状，这也是他们"望茶生畏"的主要原因。因此，培育低咖啡碱茶树品种、研制低咖啡碱或脱咖啡碱茶等方向引起了众多学者的关注。现下，热水浸提法、有机溶剂法和超临界流体萃取法是生产低咖啡碱或脱咖啡碱绿茶的常用方法。

（三）茶氨酸

茶氨酸是茶叶中特有的氨基酸（仅存在茶叶、蕈及某些山茶属植物中），占游离氨基酸的 50% 以上，1950 年由日本学者酒户弥二郎首次从绿茶中分离并命名。茶氨酸具鲜爽味，能够显著抑制茶汤的苦涩味。

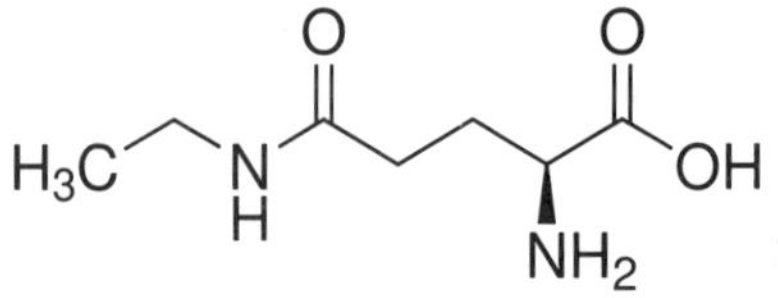

图 7.4　茶氨酸分子结构式

茶氨酸具有多种生理活性和药理作用，如增强机体免疫力，抵御病毒侵袭；镇静，抗焦虑、抗抑郁；增强记忆，改善学习效率；改善女性经前综合征（PMS）；增强肝脏排毒效用；增加唾液分泌，对口干综合征有防治作用；抗肿瘤等。

近年来，安吉白茶深受广大消费者的喜爱，正是因为其"高氨低酚"特质赋予的独特鲜爽滋味及保健功效。它是一种"低温敏感型"茶叶，为珍罕的变异茶种，其变异特性使得鲜叶在生长时发生了特殊的"白化"现象，令氨基酸含量高出一般茶近 2 倍。值得注意的是，安吉白茶属绿茶类，它只是以一种特殊的白叶茶品种进行制作，生产过程中仍是绿茶的加工方法，不可与白茶相混淆。

（四）维生素

绿茶中含有多种维生素，其中水溶性维生素（包括维生素 C 和 B 族维生素）可通过饮茶直接被人体吸收利用。绿茶中维生素 C 的含量是六大茶类中最多的，100g 绿茶中含有维生素 C100~250mg。维生素 C 有助于提高免疫力、防治坏血病等。绿茶中 B 族维生素的含量和种类也不容小觑，如维生素 B_1、B_2、B_3、B_5、B_6、B_{11}、B_{12} 等，有助于维护身体健康、促进生长发育、调节生理功能等。

（五）矿物质

茶叶中含量最多的矿物质是钾、钙和磷，其次是镁、铁、锰等，铜、锌、钠、硒等元素含量较少。不同的茶类其微量元素含量稍有差别，如绿茶所含的磷和锌比红茶高，而红茶所含的钙、铜、钠比绿茶高。

茶叶中部分矿物质含量如铁、铜、氟、锌等比其他植物性食物高得多，对人体益处颇多。氟作为人体必需微量元素，对人体骨骼和牙齿珐琅质生长具有重要的意义，每100g茶叶中氟含量可达10~15mg，其中80%可溶于茶汤之中，每天饮茶有助于满足人体对氟的需求量。

硒是人体必需的微量元素且不易获得。据医学研究测定，心血管病、贫血、白内障等40余种疾病均与缺硒有关；硒还具有抗癌、抗辐射、抗衰老和提高人体免疫力的作用。因此，富硒绿茶跟普通绿茶相比更具保健功能，越来越受到消费者的青睐。国内比较有名的富硒绿茶有陕西紫阳富硒茶、湖北恩施富硒茶等（恩施被誉为"世界硒都"）。

图 7.5　被誉为"中国富锌富硒有机茶之乡"的贵州省凤冈县（汤权·摄）

图 7.6　凤冈锌硒绿茶——茶树嫩芽（汤权·摄）

二、绿茶的保健功能

茶在我国最早的利用形式便是作为药物。《神农本草》中有言"神农尝百草，一日遇七十二毒，得茶而解之"；唐代大医学家陈藏器在《本草拾遗》一书中也指出"诸药为各病之药，茶为万病之药"。绿茶作为历史上最早的茶类，其保健功能已得到了广泛的认可，如被誉为世界第一保健饮品等。在美国《时代》杂志评选的全球十大健康食物排行榜中，绿茶也位列其中。

（一）抗菌消炎

绿茶中的儿茶素能在不伤害肠内有益菌的情况下抑制部分人体致病菌的繁殖，如对大肠杆菌、蜡状芽孢杆菌、霍乱弧菌等有较好的抑制效果。研究表明，喝绿茶能够将关键抗生素抗击超级细菌的功效提高 3 倍以上，并可降低包括超级细菌在内的各种病菌的耐药性。

（二）抗病毒

茶多酚有较强的收敛效果，对病毒有明显的抑制和杀灭作用。绿茶提取物能够抑制甲、乙型流感病毒，对胃肠炎病毒、乙肝病毒、腺病毒等也有较强的对抗抑制作用。此外，研究证实茶多酚是一种新型人体免疫缺陷病毒逆转录酶的强烈抑制剂，能够明显降低 I 型艾滋病病毒感染人体正常细胞的风险。

（三）防治心血管疾病

足够的流行病学证据表明，亚洲人心血管疾病发生率比较低的原因可能同长期饮用绿茶有关。绿茶中的有效单体成分 EGCG（表没食子儿茶素没食子酸酯）可有效抑制压力超负荷所致的心肌肥厚症状和氧化应激引起的心肌细胞凋亡。此外，有规律地饮用绿茶可降低冠状动脉显著性狭窄患者的发病率，还可降低胆固醇和高血压，预防动脉粥样硬化。

（四）防治口腔疾病

茶多酚能够抑制口腔内多种病毒和病原菌的生长，用茶水漱口有助于消除口臭、防治口腔或咽部炎症等；茶多酚还可促进机体吸收和贮存维生素 C，起到辅助治疗维生素 C 缺乏症的作用；茶叶中的氨基酸及多酚类物质可以与口内唾液发生反应，在调解味觉和嗅觉的基础上增加唾液的分泌，对口干综合征有防治作用；绿茶中氟含量较多，有助对抗龋齿。

（五）防癌

绿茶的防癌功效在已知的各类抗癌食物中名列前茅。动物研究表明，绿茶能抑制皮肤、肺、口腔、食道、胃、肝脏、肾脏、前列腺等器官的癌变，抑制肿瘤细胞的增殖、促进肿瘤细胞凋亡。此外，绿茶中的酚类化合物能够有效地清除自由基，起到抗氧化作用，且对化学致癌物苯并芘类诱导体有很强的抑制效果；还可通过抑制芳基烃受体分子的活性来阻断某些致癌物质的生成，进而抑制癌细胞生长。

（六）抗衰老

人体新陈代谢过程中产生的过量自由基会加速机体的衰老和诱发相关疾病，SOD（超氧化物歧化酶）作为自由基清除剂，能有效清除过剩自由基，减少自由基对人体的损伤。绿茶中的茶多酚具有很强的抗氧化性和自由基清除能力，可显著提高 SOD 活性以达到清除自由基的效果。日本奥田拓勇的实验结果表明，茶多酚的抗衰老效果比维生素 E 强 18 倍。

（七）抗辐射

由于突出的抗辐射功效，人们将茶叶称为"原子时代的饮料"。伊朗科学家发现，工作前 2~3 小时饮用 1~2 杯绿茶能够明显降低接触 γ 射线工人所受的辐射损伤；英国科学家发现，绿茶能有效减轻紫外线产生的过氧化氢和一氧化氮等有害物质对皮肤的损伤；我国科学家发现，饮用绿茶后的小鼠经 γ 射线照射引起的细胞突变损伤效应比不喝绿茶的小鼠低。

（八）降脂减肥

该功效是茶叶中多种有效成分综合作用的结果，尤以茶多酚、咖啡碱、维生素、氨基酸为主。国内外有较多的研究者认为，绿茶提取物能够降低胃和胰腺中脂肪酶的活性，抑制脂肪在消化道中的分解与吸收。芝加哥大学研究团队连续7天给大鼠注射从绿茶中提取的儿茶素后发现其体重下降率高达21%；波兰科学家发现绿茶提取物能够抑制人体对淀粉的消化吸收；研究人员还发现，绿茶多酚能够在不损伤肝功能的前提下减少血液中的血脂、血糖和胆固醇。因此，绿茶多酚可作为替代葡萄糖水解酶的药物抑制剂应用于控制体重和治疗糖尿病等领域。

三、科学品饮绿茶

绿茶虽然具备极为显著的保健功能，但是仍需要科学的品饮方式以充分发挥它养生保健的功效，即需要根据品饮者的年龄、性别、体质、工作性质、生活环境及季节变化等科学饮茶。

（一）科学饮茶因人而异

从中医角度看，绿茶属寒性，是六大茶类中下火解毒效果最好的。在饮用绿茶时要注意酌量，尤其是脾胃虚弱的人不可过量饮用，以免伤及脾胃。《中医体质分类与判定》标准将人的体质分为9种，体质类型和相应的特征如表7.1所示：

表7.1 中医体质分类与判定

体质	特征
平和质	面色红润，精力充沛，适应社会和自然的能力强
湿热质	面部和鼻尖总是油光发亮，易生粉刺，皮肤易瘙痒，常感口臭、口苦
气虚质	易感气不够用，说话没劲，经常出虚汗，疲乏无力，易感冒
阴虚质	不耐暑热，面颊潮红，易失眠，口干舌燥，手脚心发热，眼睛干涩，皮肤干燥，大便干结
阳虚质	阳气不足，畏冷，手脚冰凉，易大便稀溏

体 质	特 征
气郁质	体型偏瘦，多愁善感，忧郁脆弱。《红楼梦》中的林黛玉便是气郁质的代表
血瘀质	面色偏暗，牙龈出血，易现瘀斑，眼睛常有红血丝，容易烦躁、健忘
痰湿质	体型肥胖，腹部肥满松软，汗多，面油，嗓子有痰，舌苔较厚，容易困倦
特禀质	即过敏体质，常鼻塞，打喷嚏，易患哮喘，易对药物、食物、花粉等过敏

其中，平和质、血瘀质、痰湿质的人什么茶都可以喝，且后两者宜多喝浓茶；湿热质、阴虚质的人应多饮绿茶；气虚质、阳虚质的人不宜饮用绿茶；气郁质、特禀质的人可多喝安吉白茶，且后者应尽量喝淡茶。

如不知道自己属于何种体质也没时间做测定的话，可以通过观察身体是否出现不适反应来判断是否适合饮用这类茶。例如饮用绿茶后出现了肚子不舒服的症状，这就说明体质偏寒，应改喝温性的茶；若喝完茶后出现头昏或"茶醉"的现象，这表示平时应少喝浓茶；若喝了某种茶后感觉神清气爽，身体感觉良好，那便可以长期饮用。

同时，不同的职业环境和工作岗位也适饮不同的茶，绿茶适饮人群及适用理由如表7.2所示：

表7.2 绿茶的适饮人群

适饮人群	适用理由
电脑工作者、采矿工人、接触X射线的医生、打印复印工作者等	抗辐射
脑力劳动者、驾驶员、运动员、广播员、演员、歌唱家等	提高大脑灵敏程度，保持头脑清醒、精力充沛
运动量小、易于肥胖的职业	去油腻、解内毒、降血脂
经常接触有毒物质的人群	保健效果佳

（二）科学饮茶因时而异

由于身体状况会随着季节的更替而发生变化，因此也需要根据季节调整饮茶的方式。"看时喝茶"曾有这样的说法："春饮花茶理郁气，夏饮绿茶去暑湿。秋品乌龙解燥热，冬日红茶暖脾胃。"绿茶味略苦性寒，有解暑消热、败火降燥、清热解毒、生津止渴、强心提神的功能。夏天炎热，人们往往挥汗如雨，也容易精神不振，此

图 7.7　龙井虾仁

时最宜品饮绿茶，不仅能清热消暑，而且对身体有保健功效，可谓是夏季绝佳的饮品之一了。

四、绿茶的膳食利用

茶可入药，亦可入食。以绿茶入食，一方面可以利用绿茶独特的清香味除油解腻，另一方面也可通过绿茶突出的保健功能来增加食物的营养价值和药用功效。

"绿茶入菜肴"早在三千多年前就已存在，《晏子春秋》载"婴相齐景公时，食脱粟之饭。炙三弋五卵，茗菜而已"，可见茶菜历史之久远。绿茶清香芬芳，滋味收敛性较强，适宜烹制口感清淡的菜肴，其中最有名的当数龙井虾仁。龙井虾仁作为一道极富特色的杭州名菜，一方面色泽搭配清丽典雅，令人食欲大增；另一方面茶叶中所含的茶多酚不仅能够防止虾仁中的不饱和脂肪酸在高温烹调过程中发生氧化，而且龙井茶的清香可以去除虾仁的腥味，使得菜肴回味醇鲜。

同时，茶多酚作为一种国家批准的油脂抗氧化剂，在糖果、糕饼中有广泛的应用。例如，在糖果中加入茶多酚能起到抗氧化保鲜、固色固香、除口臭等作用；在月饼中添加茶多酚能延长其保质期等。

第八篇
绿茶之创——亦苦亦甜是抹茶

　　抹茶是一种在特定栽培方式和加工方法下生产出的可食用粉状绿茶，因其滋味独特、混调兼容、提振情绪、健康养生等多方面优势成为近年来广受喜爱的创新茶饮。此外，与传统绿茶的"喝茶"品饮方式相比，抹茶以其独特的"吃茶"食用方式而被广泛用做天然食品添加剂。截至 2022 年 7 月 30 日，以抹茶为主题词在 innojoy 专利搜索引擎中进行相关数据检索发现，抹茶相关专利多分布在食品领域，尤其是烘焙市场方面增势明显。

一、抹茶历史及加工工艺

（一）抹茶历史

抹茶起源于我国隋朝，因其是经过工艺处理后的粉末状茶品，早期在书籍中被记载为"末茶"。

唐朝抹茶兴起，相关加工工艺迭代为"碾茶"，茶圣陆羽《茶经》中也记载了相关做法："……始其蒸也，入乎甑，既其熟也，出乎甑。釜涸注于甑中，又以谷木枝三亚者制之，散所蒸牙笋并叶，畏流其膏。"除此之外，该时期还确立了评茶色香味的方法。

到了宋朝，抹茶在民间流行并发展为茶宴，即有了完整的寺院抹茶茶道（点茶）。蔡襄在《茶录》一书中便提到抹茶的饮用方式为"钞茶一钱七，先注汤，调令极匀，又添注之，环回击拂。汤上盏，可四分则止，视其面色鲜明、着盏无水痕为绝佳"。南宋末年，抹茶及茶具由日本高僧南浦绍明传至日本。

明朝中期前点茶仍广为流传。宁王朱权《茶谱》中也有提到碾茶的相关事项，例如其"崇新改易"的烹茶法本质上仍是点茶法。直至明朝后期，点茶法才渐渐没落、失传。

（二）加工工艺

抹茶对茶树原料的要求非常高，鲜

图8.1　琳琅满目的抹茶产品（浙江骆驼九宇有机食品有限公司·供图）

图 8.2　抹茶面条（茶语轩·供图）

叶的栽培环境、采摘时间、叶片大小等都有明确要求，采摘前需通过直接覆盖、槽式覆盖、棚式覆盖等方式对茶树进行遮阴处理，从而增加鲜叶中茶氨酸、叶绿素等成分的含量，降低茶多酚等物质的积累，让加工而成的抹茶具有比一般绿茶更嫩绿的颜色、更鲜爽的滋味和更独特的香气。

抹茶的加工工艺与一般绿茶相比也有所差异，需经过蒸汽杀青、手工石磨低温研磨等步骤，以最大限度保持茶叶本身的色泽和滋味香气。其中，蒸汽杀青和低温研磨是抹茶加工的关键步骤，有助于保持其原有色泽和口感。随着现代加工技艺的发展，电动石磨、气流粉碎、球磨粉碎、研磨式超微粉碎等加工方式的采用，使得生产出的抹茶粒度更细、色泽更绿、效率更高，得到粒径 20μm 左右，甚至几微米程度的超细抹茶粉，比普通绿茶粉细 2~20 倍。

二、抹茶的内含成分

根据六大茶类的分类标准，抹茶因其经过杀青且其内含茶多酚未被氧化，被归类于绿茶。抹茶含有许多重要的功能性成分，如儿茶素（表儿茶素、表没食子儿茶素等）、黄酮醇（槲皮素、芦丁等）、酚酸（没食子酸、原儿茶酸、咖啡酸等）、氨基酸（茶氨酸、γ-氨基丁酸〈GABA〉等）、甲基黄嘌呤（咖啡碱、茶叶碱、可可碱）、叶绿素和维生素（维生素 C、维生素 E 等）等。

图 8.3　多种风味抹茶粉（浙江骆驼九宇有机食品有限公司·供图）

图 8.4　抹茶茶园机器采摘（浙江骆驼九宇有机食品有限公司·供图）

　　抹茶与一般绿茶相比，因其独特的遮阴模式和加工工艺而展现出有别于一般绿茶的成分含量和品质特点。生长期遮阴的方式能够增加茶树鲜叶中咖啡碱、茶氨酸和叶绿素等成分的含量，降低茶多酚等物质的累积，使得最终加工而成的抹茶具有更嫩绿的颜色、更鲜爽的味道和更独特的香型。除此之外，区别于饮用绿茶只能摄入绿茶中的水溶性成分，抹茶是"吃茶"，摄入抹茶时通常会食用其所有成分，包括水溶性和非水溶性部分。因此，食用抹茶是一种更全面摄入茶叶健康成分的方式，进一步提高了茶叶有效成分的利用率。

称，比维生素 C 清除自由基的能力更强，具有降血脂、防止血管硬化、消炎抑菌等作用。茶叶中的多酚类物质总量会因遮荫而显著降低，抹茶样品中的茶多酚含量为（15.38% ± 2.86%），皆低于同样测定条件下的超微绿茶粉（16.78%~22.53%）、普通蒸青绿茶（27.00%~28.50%）和普通炒青绿茶（22.50%~24.00%）。

（一）茶多酚

　　茶多酚是茶叶中多酚类物质的总

图 8.5　抹茶研磨加工（浙江骆驼九宇有机食品有限公司·供图）

（二）咖啡碱

咖啡碱是茶叶苦味特征成分，适量咖啡碱可与茶多酚、氨基酸等成分络合成鲜爽类物质，在茶叶中一般含量为 2%~4%。经过遮阴处理后的茶叶按照相同的加工工艺制成的抹茶，咖啡碱含量有所降低，有助于降低抹茶苦涩味，进而改善抹茶品质。

图 8.6　抹茶粉

（三）茶氨酸

茶氨酸是茶叶中含量最高的游离氨基酸。若茶叶长时间暴露于光照下，则其中的茶氨酸会分解为谷氨酸和乙胺。由于用于生产抹茶的茶树会经过遮阴处理，茶氨

表 8.1　编者团队就抹茶健康功能发表的部分研究论文

论文	作者	刊物/发表年
Matcha green tea targets the gut-liver axis to alleviate obesity and metabolic disorders induced by a high-fat diet	Yuefei Wang,Yueer Yu,Lejia Ding,Ping Xu and Jihong Zhou	*Frontiers in Nutrition*/2022
Matcha Green Tea Alleviates Non-Alcoholic Fatty Liver Disease in High-Fat Diet-Induced Obese Mice by Regulating Lipid Metabolism and Inflammatory Responses	Jihong Zhou, Yueer Yu,Lejia Ding, Ping Xu and Yuefei Wang	*Nutrients*/2021
Green Tea Polyphenol (-)-Epigallocatechin Gallate (EGCG) Attenuates Neuroinflammation in Palmitic Acid-Stimulated BV-2 Microglia and High-Fat Diet-Induced Obese Mice	Limin Mao, Dan ielle Hochstetter, Liyun Yao, Yueling Zhao,Jihong Zhou,Yuefei Wang and Ping Xu	*International Journal of Molecular Sciences*/2019
The effects of the aqueous extract and residue of Matcha on the antioxidant status and lipid and glucose levels in mice fed a high-fat diet	Ping Xu,Le Ying,Gaojie Hong and Yuefei Wang	*Food & Function*/2015
抹茶对高脂饮食诱导的小鼠肝脏脂质积累和炎症反应的保护作用及机制	周继红、余月儿、丁乐佳、徐平、毛立民、王岳飞	浙江大学学报（农业与生命科学版）/2022
不同品种抹茶的物理性质、内含成分与感官品质研究	周继红、葛林儿、尹鹏、毛立民、徐平、王岳飞	园艺学报/2020

酸分解得少。因此，与全日照栽培的其他类型茶相比，抹茶中茶氨酸含量较高，大大增强了茶的鲜爽味和适口性。同时，茶氨酸和咖啡碱的组合可以更好地提高人的注意力和工作效率，还有助于缓解压力。

（四）维生素C

维生素C是一种抗氧化剂，是人类营养中必不可少的微量营养素，应每天提供充足的量，以增强身体的免疫防御。抹茶茶样的维生素C含量大约在1.63~3.98 mg/g，是一般绿茶的2倍多。

（五）叶绿素

遮阴能够增加茶树叶片中的叶绿素含量，抹茶叶绿素含量（0.88% ± 0.08%）高于超微绿茶粉（0.12%~0.16%）、普通

蒸青绿茶（0.60%~0.68%）和普通炒青绿茶（0.36%~0.44%），赋予了抹茶明亮且鲜艳的色泽。有研究者对茶树进行遮阴覆盖20天后，茶鲜叶中的叶绿素a和叶绿素b含量与对照组相比可分别高出2.80倍、1.70倍。

三、抹茶的健康功能

抹茶作为一种超微绿茶茶粉，因为其独特的加工工艺，使其既具有绿茶抗氧化、降血脂等众多保健功效，又兼备高氨基酸茶益脑、安神、助眠等作用，加之全茶成分摄入的特点，可以说，抹茶是一种具有深远开发前景的健康食品。

（一）改善脂质代谢

近年来，生活条件改善、饮食习惯

变化导致的肥胖问题逐渐严重。抹茶是一种天然的食品添加剂，能够有效抑制肥胖、非酒精性脂肪肝、高血脂等由脂质代谢引发的系列代谢综合征类疾病的发生和发展。研究显示，抹茶能够有效改善高脂饮食小鼠的肥胖、脂肪肝、高血糖血脂等情况；对于体外培养的由棕榈酸处理后的肝、肠等细胞，抹茶能够有效减少细胞中的脂质积累。

（二）调节肠道菌群

肠道是人体吸收外来物质的主要器官，其微生物群落数量与组成情况能够影响诸多组织功能与生理过程，并被发现能够参与多种心理和神经疾病的调节。抹茶富含的茶多酚等物质具有抗炎抑菌功效，且富含纤维物质，进入人体后能够有效改善因不良生活习惯导致的肠道炎症、屏障受损等问题，促进肠道有益菌的富集，从而优化肠道环境，保护人体健康。

（三）改善睡眠

随着生活压力增加及信息网络技术的发展，在长期不规律的生活作息下，越来越多的年轻人出现失眠、睡眠质量差等问题。而抹茶在有效缓解疲劳的同时，能够促使人脑更快进入平缓情绪，从而缓解失眠问题，改善睡眠质量。实验结果显示，在摄入抹茶后，非睡眠状态下的人脑中更容易检测出 α 波，而 α 波是人体平缓情绪的表现，也是人体睡眠前期半睡半醒状态下的特征脑波，有助于人体放松后更快进入睡眠状态。

（四）抗焦虑

随着全球经济与就业等社会压力的侵袭，焦虑、紧张等情绪逐渐成为青中年人的日常情绪。长期处于焦虑情绪可能会导致脑部炎症，严重地还会造成深度的精神类疾病，危害人体健康。抹茶中的茶氨酸、茶多酚等成分有助于缓解焦虑，同时抹茶的色泽、香气使人愉悦，品饮颇为雅致，也能使人感受到宁静的氛围，从而改善焦虑的情况。

（五）增强记忆

相关动物实验研究结果表明，抹茶中的茶氨酸等物质可以通过血脑屏障进入下丘脑，影响下丘脑多巴胺、血清素等重要神经递质的分泌，同时改善因代谢综合征引发的下丘脑炎症情况，从而改善记忆力，促进脑健康。

图 8.7　抹茶糕点

第九篇
绿茶之扬——天下谁人不识茶

中国茶初兴于巴蜀，而后遍及全国，此后又凭借贸易往来等各项对外活动传播至国外。如今，中国茶在世界各地盛行，并以物质与精神的双重属性向五湖四海的人们展现着中华茶文化的博大精深。

春·流年（北京财贸职业学院 杨磊磊 指导老师：侯雪艳）

一、中国茶的世界路

　　中国茶的传播历程已有二千多年的历史，但有文字可考的，需追溯到公元6世纪以后。

　　中国是茶叶的原产国，拥有极为悠久的饮茶历史。从地理角度来讲，茶树的起源一般被认定为云贵高原。一则是中国的许多史料记载中均有茶的影子，极为丰富多彩："茶"这一字最早出现在唐宪宗元和前后（806—820年），之前以茶、茗、荈、槚、蔎、过罗、物罗、皋芦、酪奴等名称出现。二则是树种资源的集中性及完整性非常有力地证明了我国南部及西南部地区是茶树的起源中心：以云南、广西、贵州三省为主的中心带保留了世界上近80%的野生茶种，其中原始型有近半数，并存在从原始到进化的各类过渡类型。

　　中国茶叶首先通过佛教僧侣的交流传到朝鲜和日本，其次沿丝绸之路和茶马古道传到中亚和东欧，然后再由海上丝绸之路传到西欧，公元18世纪中国茶树和茶籽被英国东印度公司运到印度大吉岭进行种植培育。目前，全世界有160多个国家和地区的人民有饮茶习俗，饮茶人口30多亿，中国茶已迈向黄金时代。

二、世界茶的中国源

（一）日本

目前世界上有 60 多个国家与地区生产茶叶，绿茶产区除了中国外，最主要的就是日本。日本出产的茶叶品类单一，绿茶占头部地位，可见日本人对绿茶的喜爱。

1. 历史渊源

根据中日两国茶叶化学成分测定和史料记载，日本茶叶均是由中国传入，且以僧人为主要依托进行跨文化的传播，使得中国茶在日本的发展同禅学紧密联系在了一起。

中国茶及茶文化以浙江为主要通道、以佛教为媒介传入日本。唐朝期间，日本僧人最澄在台州天台山留学，天台山是中国佛教八大宗派之一——天台宗的发源地，最澄先从天台山修禅寺天台宗第十祖道遂学习天台教义和《摩诃止观》等经书，又从天台山佛陇寺行满大师学习了《止观释签》《法华》《涅槃》诸经疏，并从天台山禅林寺僧俺然受牛头禅法。回国时，他不仅将天台宗的文化传承到了日本，还将低发酵性茶，即绿茶带回了日本。

宋朝时，僧人荣西也在天台山研习佛法并修学茶艺，所著《吃茶养生记》

一书记录了南宋时期流行于江浙一带的制茶过程和点茶技巧，并带了部分茶种回国，且因为茶的提神功能，还得到了源实朝将军的支持。自此，饮茶之风在日本迅速盛行开来，荣西禅师也因此被尊为日本的"茶祖"。

此后，日本高僧圆尔辩圆、南浦绍明等人也先后到浙江径山寺求学，并将径山的制茶工艺、饮茶器皿和"茶宴"礼仪带回日本，此举被认为是日本蒸青绿茶制法的开端。

2. 茶叶产区

日本在 8 世纪从中国引进茶叶，最初种植在京都附近，以后逐渐扩展到静冈、九州、鹿儿岛等地，现主要分布在静冈、鹿儿岛、三重等 6 个县。

（1）静冈县

静冈县是日本最大的产茶县，绿茶产量占全日本的1/2 左右，所产的静冈茶为日本三大名茶（静冈茶、狭山茶、宇治茶）之一。民间有"色数静冈，香数宇治，味数狭山"的说法，意为静冈茶颜色最好，宇治茶香气最佳，狭山茶滋味最优。日本旅游业界十分重视静冈茶的推广，富士山南面的茶田已成为颇具代表性的日本胜景，许多人都会前来打卡，体味采茶摘茶之美。

（2）鹿儿岛县

鹿儿岛县的茶叶产量仅次于静冈县，

主要生产煎茶。鹿儿岛县地处日本南端，气候温暖，从4月上旬就可开始采摘新茶，种子岛更是在3月下旬就开始收茶，日本最早上市的新茶便产自于此。

（3）三重县

三重县的茶叶产量排全国第三位。"伊势茶"是该县茶叶品牌的代名词，主要产地是铃鹿山系的丘陵地带和栉田川、宫川水系区域，具有浓厚鲜爽的滋味。

（4）埼玉县

狭山茶是埼玉县西部和东京都西多摩郡的特产，县里种植面积最大，有"味数狭山"的说法。狭山茶一年只能在春、夏季采摘，采摘标准严谨且次数有所限制，所以味道也更为正宗和优异。

（5）京都府

京都府所产的宇治茶为日本三大名茶之一，有"香数宇治"的说法。宇治茶产于京都府南部的山城地域，茶树栽培历史可追溯到镰仓时代，是日本茶的起源之地，极具代表性。此地的各大茶庄一直致力于研制各类茶衍生产品，许多含茶甜品如抹茶冰淇淋等备受顾客喜爱。

（6）福冈县

福冈县的玉露产量为日本第一。该县的八女地区是日本最著名的高级茶产地之一，所产八女茶茶香而味浓，多次入选日本茶叶品评会，是绿茶中的极品。

3. 绿茶品类

在绿茶加工工艺方面，中国多采用炒制杀青的手法，茶汤香味突出，茶味浓；而日本则多用蒸汽杀青的技艺，然后将其在火上揉捻焙干或在阳光下晒干，茶色保持翠绿，味道清雅圆润。

日本出产的茶叶超过九成都是绿茶，分类极为细致，不同制法和不同产地生产出的茶叶，香气、滋味各不相同，总体上以玉露为最佳，煎茶次之，番茶再次。其栽培方式可分为露天栽培和覆盖栽培两种，覆盖栽培即在新芽开始长的时候，使用稻草、遮光布、遮阳板等对茶叶进行一段时间的覆盖，避免阳光直射茶芽，从而增加鲜叶中的茶氨酸含量，

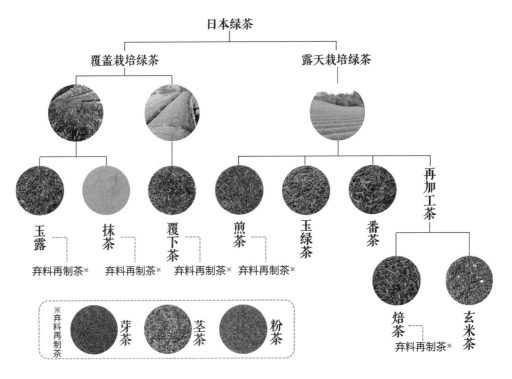

图9.1 日本绿茶分类

丰富咖啡碱和叶绿素含量，促使其形成鲜爽醇厚的滋味特征。

（1）玉露

玉露茶是日本茶中最高级的茶品，其生产对茶树要求非常高。新芽采摘前3周左右，茶农就会搭起架子，覆盖遮光材料阻挡阳光，在调节鲜叶特征成分含量的同时保护茶树顶端，使得茶树能长出柔软且高品质的新芽。初期遮光率为70%左右，临近采摘需调至90%以上。采下的嫩叶经高温蒸汽杀青后需急速冷却，再揉成细长的形状。玉露的涩味较低，甘甜柔和，茶汤清澄，是待客送礼的首选。

许多人花高价买回日本玉露品饮，却觉苦涩难以下咽，主要原因往往是冲泡水温过高。冲泡日本茶时应注意，茶的品级越高，所用水温需越低。品饮玉露时应采用低温热水慢慢冲泡，水温控制在50~60℃为宜。

（2）抹茶

抹茶的栽培方式跟玉露一样，同样需要在茶芽生长期间进行遮盖避光。采摘下来的茶叶经过蒸汽杀青后直接烘干，接着去除茶柄和茎，再以石臼碾磨成微小细腻的粉末。冲泡抹茶时水温应控制在70~80℃，天气炎热时也可直接用冷水冲泡，苦涩味恰到好处，清爽口感明显，甘甜清香突出。

抹茶兼顾了喝茶与吃茶的好处，常被作为茶道中首选的材料；除此之外，它浓郁的茶香和青翠的颜色使得很多日本料理、和果子都会以之作为添加材料。值得注意的是，严格意义上的抹茶价格昂贵，通常市面上大批量用作食品添加材料的抹茶以一般的茶末或加了人工添加剂的抹茶为主。

（3）煎茶

煎茶是日本的日常用茶，产量占日本茶的80%以上，具有悠久的历史。生产煎茶的茶树无需遮盖，采摘鲜叶后先以蒸汽杀青，再揉成细卷状烘干即可。品质优质的煎茶挺拔如松针，色泽墨绿油亮，冲泡后鲜嫩翠绿、茶香清爽、回甘悠长。与玉露相比，煎茶带少许涩味，冲泡水温应控制在70~90℃为宜。

（4）覆下茶

覆下茶介于玉露和煎茶之间，栽培时同样要进行遮光处理，遮光率在50%左右，且遮光周期较玉露短一些，约7~10天，茶农往往直接在茶树上铺盖遮光布。后续的加工工艺与玉露相似，滋味方面虽不及玉露那样浓厚甘甜，但同煎茶相比，覆下茶的风味更为柔和，适合不喜欢苦涩味的人饮用。覆下茶具有煎茶和玉露中间的特性，冲泡时水温越

低，越容易沏出甘味，水温越高则苦涩味越强，一般控制在60~80℃，可根据喜好的口感进行选择。

（5）玉绿茶

玉绿茶前几道加工工序与煎茶基本一致，只是最后一步不经过揉捻，因此叶片会卷起来。玉绿茶可分为中国式炒制（主要在九州地区，由江户时代明惠上人发扬光大）与日本式蒸制（大正时期出现）两种，冲泡温度控制在70℃左右。

（6）番茶

番茶是最低级别的茶，采摘完用于生产煎茶的嫩叶后，较大、较粗糙、纤维含量较高的叶子便用来生产番茶。此外，夏秋季采摘的鲜叶，不论是茶芽还是较大的叶子，制成的茶都只能叫做番茶。番茶的加工过程与煎茶相同，但除叶子外，其叶茎和叶柄也可用于制茶。冲泡番茶使采用100℃的沸水，茶汤颜色较深，茶味偏浓重，但所含咖啡碱比玉露少，故苦味清淡，刺激性也比较小。

图 9.2　日本茶园

（7）焙茶

焙茶是以煎茶、番茶、茎茶等品级较低的绿茶原材料经高温炒制加工而成。炒过的焙茶呈褐色，苦涩味道被去除，且带有浓浓的烟熏味和暖暖的炒香，适合作寒冷天气的茶饮。但是由于焙茶容易浮在茶汤表面，建议用带有滤网的茶壶冲泡，方便饮用。

（8）玄米茶

将糙米在锅中炒至足香后混入番茶或煎茶中，即可得玄米茶。其茶汤米香浓郁，既带着日本传统绿茶淡淡的幽香，又带着独特的烘炒米香，颇具一番风味。尤其是炒米，它还能掩盖茶叶中部分苦味和涩味，且营养价值较高。因此，玄米茶不但在日本是十分受欢迎的，而且在整个亚洲都是比较流行的茶饮。

（9）芽茶、茎茶、粉茶

日本茶叶的加工过程可谓是物尽其用，树顶的嫩叶做上等的玉露与抹茶，露天茶园的嫩芽做煎茶，粗老的大叶做番茶。除此之外，加工以上茶叶时拣选不用的材料也能用来生产新品类的茶叶，芽茶、茎茶、粉茶便是如此。

加工玉露或煎茶时，细嫩的芽叶往往会卷曲成丸状小粒，产商为求茶叶外观整齐，会把这些嫩芽分离出来加工成芽茶，这些茶基本上会被茶农自留，市面上比较少见；此外，加工玉露、抹茶、覆下茶时遗留下来的碎叶与茎梗，会被进一步制成茎茶与粉茶，这些茶在冲泡时滋味出来得快，但持久度较差。

4. 产业特点

日本茶叶生产品种单一，基本上都为绿茶，产地主要集中在静冈、鹿儿岛、三重3个县。与世界其他地方茶园不同的是，日本茶园中的茶树是排列成长条形成片种植的，一眼望去绿浪错落起伏，宛若一幅风景画。茶丛顶部是弧形的，采茶者从规整的采摘面上摘取新芽和叶子。

日本茶园管理现代化程度高，内部道路系统密集且完善，车行道基本是沥青路面，茶行间设有轨道以适应机械化作业。生产过程全程机械化，加工基本上都由高度自动化的蒸青生产线来完成，不仅台时产量大，而且产品质量稳定、标准化程度高。同时，茶园周围往往集中着国家的茶叶研究机构、茶叶机械制造企业等，并配套建设了各类茶文化和茶旅游设施等，产生了非常明显的区域特色、文化氛围和产业优势。

日本茶叶深加工产品的开发延伸到了生活的各个领域，种类颇多，如茶饮料、茶药品、茶食品、茶袜、茶皂、化妆品、含儿茶素的抗菌除臭产品、防辐射产品等，占据了很大的市场份额。

图 9.3　琳琅满目的日本茶食品

5. 日本茶道

日本茶由中国传入，而后发展出了自己的培植及传承方式，形成了一套套以"家族"为系列的极具仪式感的茶事礼仪，所体现的茶道哲学也日臻完善。

日本茶道的演化经历了一个极为漫长的过程。日本茶道起源于中国。

宋朝时前来中国留学的荣西、圆尔辩圆、南浦绍明等禅师将在径山学习到的中国茶文化在日本传播；15 世纪一休大师的弟子、被后世尊为日本茶道始祖的村田珠光遍读中国茶书、精研中国茶道，首创了"半草庵茶"，倡导顺应天然、真实质朴的"草庵茶风"，主张将茶道之"享受"转化为"节欲"，体现了陶冶身心、涵养德性的禅道核心。

作为日本茶道创始人之一的武野绍鸥传承了村田珠光的理论，并结合自己对茶道的认识将其进行拓展，开创了"武野风格"，并提出了"侘茶"和"一期一会"的概念，同村田珠光共同奠定了日本茶道的基础。同时，武野绍鸥作为一名连歌师，将连歌道这一日本民族传统艺术引入了茶道，引起了许多人的共鸣。

16世纪，绍鸥的弟子千利休把茶与禅精神结合起来，将过去铺张奢华的茶风转变为孤独清闲、追求内心宁静的艺术，以引导人们通过饮茶以获得慰藉、疗愈心灵。他将日本茶道的宗旨总结为"和、敬、清、寂"四个字——"和"以行之，"敬"以为质，"清"以居之，"寂"以养志。至此，日本茶道初具规模。千利休作为日本茶道的鼻祖和集大成者，其茶道思想对日本茶道发展的影响极其深远。

日本近代文明启蒙期最重要的人物之一冈仓天心在《茶之书》中写道："茶道，是基于人们对于日常生活的俗事之中所存在的美产生崇拜而形成的一种仪式。它谆谆教导我们纯粹与调和、相互友爱的神秘以及社会秩序的浪漫主义。茶道的要义在于崇拜'不完整的事物'，即在不可解的人生之中，拥有想要成就某种可能的温和企图。"日本茶道将日常生活行为与宗教、哲学、伦理和美学熔为一炉，作为一门综合性的文化艺术活动在日本广为流传。可以说，日本茶道已成为日本文化的结晶、日本文明的代表，人们在茶道中领悟生活的美学，实现自己的人生修行。

延伸阅读：日本茶道

（图文提供：袁薇 浙江树人学院国贸茶文化专业实验师、高级茶艺技师、一级评茶员、日本丹月流茶道教授资格）

日本茶道是以饮茶为契机创造出的综合文化体系。千利休的《南方录》是日本茶道的圣典，蕴含深刻的哲学思想。在日本茶道的体系中，哲学没有高高在上，而是应用在对日常生活中细节的思考和关注。譬如"在家禅"的修行理念，既具有宗教的仪式感，又充溢着生活的艺术感。它从思想体验、行为礼法中获取经验，寻找适合自身的理想形式，产生干净且有质感的艺术表述，而这种表述方式也略带有超世俗的经验。

茶室间的画与花、窗口处的光与影，庭院中的露地与飞石，席间的茶与具，还有那一碗蕴含人情的茶汤……处处都体现出艺术化的美感；茶道的礼法不仅是形式上的优雅，严谨的规则还蕴含着为人处世的道德；茶人身体的移动规范，追求美的行为举止，用姿态表达内心所经历着的艺术化洗练。

日本茶道尊崇自然，用心去关注本就存在于大自然间的美好。它以东方美学为核心的艺术表述，目前仍然是茶文化领域的艺术典范。

日本国际丹月流茶道"平点前"基础行茶步骤：

1. 奉茶点

　　与抹茶相适应的茶点一般选用较为甜软的和果子，制作精致，选用与季节相适应的口感、色彩以及造型。茶客在饮用抹茶之前先品尝和果子，期待着美好的茶汤入口。

图9.4　奉茶点

2. 出具

　　在入席礼之后，将点薄茶所需要使用的茶具，如水指、茶碗、茶巾、枣（枣）、茶筅、茶勺、建水、柄杓（勺）、盖置，按礼法放置在规定的位置。

图9.5　出具

3. 洁具

　　"清"是日本茶道的精神之一，具体表现在茶具的洁净与心境的清明。茶主人用心整理帛纱，分别对枣、茶勺、柄杓进行擦拭。取温水，用茶筅清洗茶碗，用白茶巾将茶碗拭干净。

叠帛纱

擦拭茶罐

擦拭茶杓

擦拭柄杓

打开釜盖

杓温水入碗

检查茶筅

茶筅清洁碗

去水入建水

茶巾拭碗

图9.6　洁具

4. 置茶

细腻而清香的抹茶形成一座小山的模样被静置在枣中，轻轻开盖，在右下角处取适量的三勺置入茶碗底部，用茶勺将其在碗底打散。

打开茶罐盖子　　　　　　　　置茶　　　　　　　　置茶毕

图9.7　置茶

5. 点茶

取温度适宜的水（约88℃）倒入碗中，水量是柄杓满勺的七分。用茶筅点茶，从左至右，手腕带动茶筅上下击打茶汤，手轻筅重，由缓而快，待汤沫渐起，迅速而有力地将汤沫凝聚，将茶筅集中于汤沫中心，轻轻提起。

图9.8 点茶

6. 奉茶

　　将点好的茶放在左膝盖上欣赏，将身体稍稍转向茶客，将茶碗正面转向茶客，而后放到席面，用手推向茶客。

图9.9 奉茶礼

7. 饮茶

茶客向茶主人行礼,接过茶碗,欣赏茶碗的绘饰,将茶碗的正面转向茶主人,品饮一口后,向茶主人行礼,而后分两口将茶喝完。

图 9.10　饮茶

(二)韩国

1. 历史渊源

中国茶通过海路对外传播至韩国的历史可追溯到 4 世纪末 5 世纪初。新罗时代,大批僧人到中国学佛求法,并在回国时将茶和茶籽带回新罗。《三国史记·新罗本纪·兴德王三年》载:"冬十二月,遣使入唐朝贡,文宗召对于麟德殿,宴赐有差。入唐回使大廉持茶种子来,王使命植于地理山。茶自善德王有之,至于此盛焉。前于新罗第二十七代善德女王时,已有茶。唯此时方得盛行。"故韩国饮茶风俗自统一新罗时代的第二十七代善德女王始,盛于 9 世纪初的兴德王时期,且除却种茶、制茶外,开始仿效唐代的煎茶法饮茶。

高丽王朝时期,受中国茶文化影响,朝鲜半岛的茶文化和陶瓷文化盛行,饮茶方法早期承袭唐代的煎茶法,中后期则采用宋代的点茶法。该时期中国禅宗茶礼传入,成为高丽佛教茶礼的主流,流传至今的韩国最高层次茶礼——高丽五行茶礼的核心便是祭祀"茶圣炎帝神农氏"。

朝鲜李朝时期,前期受明朝茶文化的影响,散茶壶泡法和撮泡法颇为盛行。始于统一新罗时代、兴于高丽时期的韩国茶礼,也随着器具和技艺的发展而日趋完备,茶礼的形式被固定下来。朝鲜中期以后,"抑佛崇儒"政策出现,茶文化同佛教一起渐趋式微,加上过度的茶叶税收、频发的战争及自然灾害,加之酒和咖啡竞品的出

图 9.11　韩国茶园

现，茶叶发展一直呈现衰落的状态。直至朝鲜李朝晚期经丁若镛、崔怡、金正喜、草衣大师等人的积极维系，朝鲜茶文化在 19 世纪迎来了新的复兴期。草衣禅师以《东茶颂》和《茶神传》两书传布对"禅茶一味"真谛的领悟，并对韩国茶道精神作出总结，为韩国茶道文化留下了重要文献，草衣禅师也因此被誉为当时的茶圣。

至殖民地时期，韩国受到日本殖民统治的影响，其茶文化同日本茶文化包容并兼。韩国茶产业的真正发展始于 20 世纪 50 年代朝鲜战争之后，1957 年韩国最早的茶叶公司之一大韩茶园有限公司于宝城郡建设农场用于茶树种植；1969 年政府开始推动包括茶叶在内的农业发展项目，茶园面积进一步扩大；1972 年韩国茶道会成立；1979 年韩国茶人联合会成立；1981 年韩国茶人联合会将韩国茶日定为 5 月 25 日，韩国茶业发展渐至佳境。

2. 茶叶产区

韩国主产绿茶，茶叶产地皆位于韩国南方，其中全罗南道、庆尚南道、济州岛三大产区面积及产量占韩国茶叶总采摘面积和总产量的 95% 以上。

（1）庆尚南道的河东郡

河东郡位于韩国的东南部，北边背向智异山，是韩国最早种植茶树的地方。河东茶园大部分在山区，较分散，以野生茶树为主，茶农的平均经营面积少、茶树良种化及产业规模化程度较低，生产的茶类主要是手工炒青。从 1996 年开始，河东郡每年 5 月举行

图 9.12　河东郡茶园

量的 40% 左右，与日本静冈、中国日照并称为"世界上三大海岸绿茶城市"，韩国大部分名优茶均源于此。且为扩大发展绿茶相关产业，宝成郡将阶梯式茶园与其他农产品、旅游、观光、休闲、餐饮服务等结合，形成了特色明显的茶叶生产和旅游休闲区域经济。

河东野生茶文化庆典，2006 年被指定为河东野生茶产业特区。

（2）全罗南道的宝成郡

全罗南道内的宝城郡是韩国最大的茶叶生产地，茶叶产量占韩国茶叶总产

图 9.13　宝成郡茶园

（3）济州岛

济州岛是久负盛名的韩国第一大岛，虽地处北纬33°线附近，却具有南国气候的特征，是韩国平均气温最高、降水最多的地方。济州岛产区茶园分布在平地，大部分茶园由企业从事规模化经营。Osulloc是韩国最大的茶叶公司，在济州岛建设了完备的生产销售线，并于2001年在济州岛开设了韩国第一个茶叶博物馆。

图9.14　济州岛茶园

3. 产业特点

韩国茶产业以生产绿茶为主，占比约60%，其余的40%为红茶、袋泡茶、粉茶等产品。近年来，韩国的茶产业也逐步由第一产业向第二产业（茶饮料、袋泡茶、速溶茶、抹茶等茶叶深加工产业）和第三产业（茶文化、茶旅游等）方向延伸扩展。除了致力于提高生产力、品质和竞争力以外，韩国茶产业还努力朝着实现产品多元化、开拓新市场、发展高端服务业等方向发展。目前，利用茶叶开发饮料、医药品、保健品、护肤品、化妆品、食品等成为新的产业增长点。

图9.15　韩国茶食品

4. 韩国茶礼

韩国的茶礼有着悠久的历史，早在《三国遗事》中就能查阅到"茶礼"一词。同日本茶道类似，"茶礼"源于中国，且深受儒家思想的影响，以"和、敬、俭、真"为宗旨："和"即善良之心地，"敬"即彼此间敬重、礼遇，"俭"即生活俭朴、清廉，"真"即心意真诚、以诚相待。韩国的茶礼种类繁多、各具特色，包括仪式茶礼（宫中茶礼、献供茶礼、使臣茶礼等）、新罗茶法、高丽接宾茶礼、接宾茶礼、六法供养茶礼、五行茶礼、生活接宾茶礼、少儿茶礼等诸多形式。仪式茶礼往往是在国家举行大型活动时使用；而接宾茶礼则是在设宴款待时进行；生活接宾茶礼是韩国人在日常生活中使用的行茶法，与正式的茶礼形式相比，其形式上更为简略易行，便于日常会客时行事。

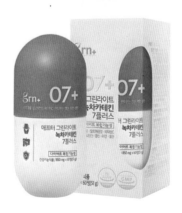

图9.16　韩国绿茶深加工产品

图 9.17　韩国茶礼

延伸阅读：韩国茶礼程式

（图片提供：韩国青茶文化研究院院长吴令焕）

①茶礼。

图9.18　行礼开始

②掀布：将茶具盖布撤下，折叠好放到指定位置。

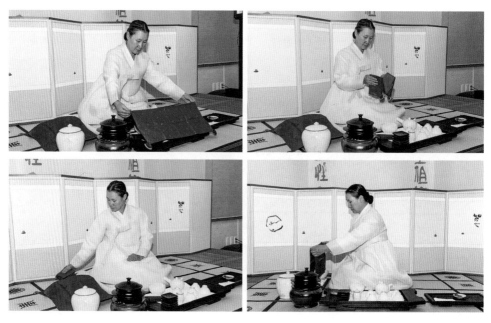

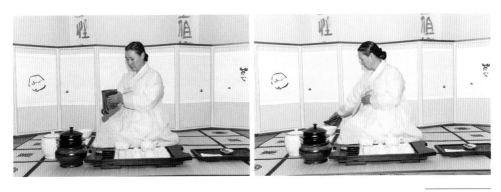

图 9.19　掀布

③翻杯、翻碗：茶杯按照水、火、木、金、土顺序依次翻正。

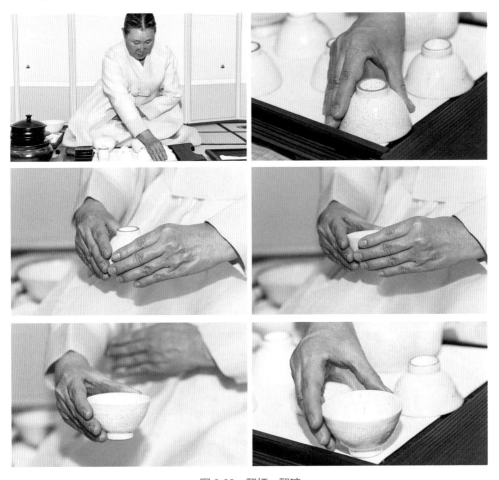

图 9.20　翻杯、翻碗

④备水、温杯：用水瓢取汤锅中的沸水倒入熟盂，将熟盂中的水倒入横把壶，再将横把壶中的水倒入饮杯。

图9.21 备水、温杯

⑤备水、晾水：用取水瓢将汤锅内的沸水倒入熟盂中待用。

图9.22 备水、晾水

⑥置茶：用茶勺从茶罐中取茶，投茶至横把壶中。

图 9.23　置茶

⑦沏茶：将熟盂中待用的水倒入横把壶。

图 9.24　沏茶

⑧洗杯：将饮杯中的水按顺序倒入水盂。

图 9.25　洗杯

⑨出汤：先将壶中沏好的茶汤倒入一只饮杯至三分满，观看一下汤色，再依次倒入其他杯中至五分满，再以相反的顺序倒入至七分满。

图 9.26　出汤

⑩奉茶。

图 9.27　奉茶

⑪品饮。

图 9.28　品饮

⑫洁具。

图 9.29　洁具

⑬收具。

图 9.30　收具

⑭行礼结束。

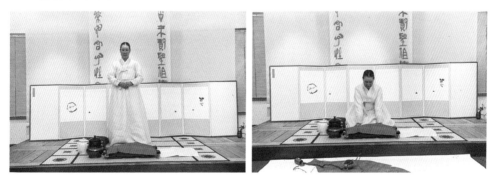

图 9.31　行礼结束

（三）越南

越南位于东南亚中南半岛东部，与中国广西、云南接壤，深受中国茶文化的影响，加之历史上广东人曾大批移居越南，对中国茶文化在越南的传播也起了较大的推动作用。

西汉时期，中国茶开始销往包括越南在内的东南亚各国。唐朝时期，中国茶正式传入越南，扎根这片疆土并逐步普及。明朝时期，郑和七次下西洋，遍历越南等东南亚地区，进一步促进了中国与当地的茶叶贸易。

越南作为典型的农业国家，茶叶是其主要的经济作物之一，茶园主要集中在北部山区和中部地区。目前，越南茶叶出口至世界近60个国家和地区，主要的出口国家有巴基斯坦、印度、俄罗斯等。

越南以生产红茶和绿茶为主，其中红茶主要用于出口，绿茶则主要为国内消费，是当地人民不可或缺的日常饮品。越南最有名的绿茶要数太原省出产的绿茶了，这种绿茶入口苦涩，随即便有甘甜的口感，与中国绿茶相比口味更重一些。喝绿茶时越南人喜欢往里面加冰块，这种冰茶是很多饮食店常备的饮品，颇受越南人民喜爱。

编后语（一）
POSTSCRIPT

这本书完全是一个"命题作文"，是在旅游教育出版社赖春梅老师的"催逼"下完成的，历时多年，一拖再拖，甚至一度搁浅以为不能完成了，还好，最终在我的博士研究生周继红的努力下总算不辱使命。这本书与其说是我团队的成果，还不如说是周继红同学的处女作，她在本书的编写工作中贡献最多。就借此机会，让我介绍下这位优秀学生、未来领袖吧。

继红自进入浙江大学以来，一直是位明星学生：当年以山东省理科前几百名的优异成绩考入浙江大学农学院，曾担任校学生会副主席、院学生会主席，本科毕业时以专业第一名的优异成绩和杰出的综合素质保送至我实验室直接攻读博士。她不仅成绩优秀，在校内外活动中也能一展风采。她作为青年代表参与录制CCTV1《开讲啦》节目近20期，展现出了当代青年善于思考、勇于发声的时代风貌。除此之外，她还是一名校园主持人，学校各大晚会、讲座、论坛中常能看到她的身影。如在2012年浙江大学茶学系60周年系庆活动中，还是大二学生的周继红同学作为学生代表在庆典中发言，其顺畅敏捷的文思与才智机辩的谈吐给在座来宾留下了深刻的印象。此后，在诸多茶界的活动中周继红都有出色的表现，例如她曾主持日本里千家鹏云斋千玄室大宗匠浙江大学中日茶文化交流会、2014年"凤牌滇红杯"全国大学生茶艺技能大赛、2016年浙江省敬老茶会等活动，展现了新一代茶人的风貌。继红同学热爱专业，知行合一，尽己所能推广茶学学科、弘扬中华文化，在赴台湾、澳门等地的交流活动中，积极把茶文化融入到台澳青年人的沟通交流中。她曾受邀录制浙江电视台教育科技频道《招考热线》节目，为观众解读茶专业，收到了良好的社会反响。她还作为项目答辩人参加多个创业比赛，并荣获浙江省"挑战杯"特等奖、全国"挑战杯"银奖、"新尚杯"高校大学生创业邀请赛全国一等奖。2014、2015年还获得了分量颇重的浙江大学"十佳大学生"和由美国华人精英评选出的"百人会英才奖"。

这部书稿也让我对学生的优秀有了更深的认识。我曾开玩笑地说："继红，我本以为你的优秀是靠天赋和高颜值，原来还是靠努力！"任务落实给她后，她全身心投入，没日没夜，经常整理资料到凌晨2、3点钟，早上8点多又出现在我办公室里和我讨论书稿了，从不找借口拖延。假以时日，我的学生周继红当能因其良好的品德修养、出色的学习能力、杰出的领导才能和卓越的社交能力，成为堪当大任、贡献国家的才俊！让我们拭目以待。

感谢旅游教育出版社尤其是赖春梅老师对我团队的信任！这是继《茶文化与茶健康》后我们的二度合作。最后，还要感谢茶行业大咖毛祖法先生、张士康先生、王建荣先生和毛立民先生为本书写的精彩推荐词。

绿茶是我国生产历史最悠久、产区最辽阔、品类最丰富、产量最庞大的茶类，其相关知识纷繁多样、浩如烟海，尽管参编人员付出了很多心血与努力，但仍难涵盖绿茶相关内容的方方面面。且囿于篇幅，诸多内容未作涉及或浅谈而止，疏漏之处在所难免，望读者朋友们多提宝贵意见，不吝赐教，衷心希望大家都能获得一番愉快的阅读体验。

王岳飞

编后语（二）
POSTSCRIPT

都说"茶为国饮，杭为茶都"，作为一名土生土长的北方姑娘，本科时来浙大求学，选择茶学为专业并坚持读到博士、博士后，让我得以在茶都杭州与茶结缘，习茶至今。承蒙导师王岳飞教授信任，得此机会参与写作《第一次品绿茶就上手》，从红衰翠减物华休的深秋十月一直到杨柳飞絮花满城的芳菲四月天，着实为一段非常难忘且又收获满满的日子。

刚接到写书的任务时，为了写出一份有价值的提纲，查阅了很多资料，每有一个灵感就将它记录在纸上。慢慢的，草稿积了很多张，书稿的整体框架和思路也逐步有了雏形。随着写作的深入，愈加感慨这真是一番站在巨人肩膀上的旅行，了解越多便越意识到自己的无知，也更激发起学习的欲望。写作茶艺部分时找来了我国现代茶艺奠基人童启庆老师的《茶艺师培训教材》《影像中国茶道》和《图释韩国茶道》作参考，每每翻看都要惊叹于老一辈茶人严谨治学的态度。没有华丽辞藻的渲染，却是字字珠玑，言之凿凿，将每一个细节都传达得精准到位。直到现在，浙江大学的茶艺课堂上仍能看到童老师诲人不倦的身影，在她身上，学者之严谨与师者之和蔼并存，是我们每个人的榜样。如此的前辈还有很多，他们当年栽种下的一切，已历经岁月洗礼而枝繁叶茂，使得我们一代代的后辈得以生活在一个绿绕荫浓的环境中。作为一个茶学的入门新手，从当下的摇桨划水到多年后的扬帆执舵，要走的路还很长，愿以此为勉，不忘初心。

总体上，书稿的写作还算顺利，但配图的整理却着实费了一番心思。在这里衷心感谢尹晓民先生、张星海老师、王亚雷老师、齐秋客先生、章志峰老师、王广铭老师、王永平老师、王剑敏老师、薄书建老师、吴子光老师、黄晓琴老师、汪强强老师、袁薇老师、官少辉师兄、史雅卿女士、杨鸿春师兄、陆智辉老师、刘合卫先生、钟国林老师、李平先生、茶语轩、蓝天茗茶、日照圣谷山茶场有限公司、龙王山茶业、恩施花枝山生态农业股份有限公司、浙江骆驼九宇有机食品有限公司、桐柏县桃花崖公司、浙江道人峰茶业有限公司、浙江珠峰机械有限公司、浙江更香有机茶业开发有限公司、杭州三园茶业有限公司、五峰土家族自治县人民政府、杭州市萧山区戴村镇人民政府、四川省雅安市名山区农业农村局等提供的支持，是他们的帮助使得书稿的配图全面且精美。另外还有很多不留姓名的茶友发来全国各地的茶园图，为我们提供了丰富的素材，有位茶友在邮件中写道："支持每一个为茶事业奉献的人是所有爱茶人士的义务，每个挨近茶的人都有一份执着，天下茶人一家亲，理应互帮互助！"也希望这样一份奉献与执着能够传递给每一位读者。

此外，浙江大学茶学的老师和同学们更是像亲人一样提供了很多帮助与支持，程刚老师拍摄的茶叶审评和茶艺部分详解，用精湛的技艺呈现出一张张赏心悦目的照片；郭昊蔚老师演示茶叶审评并协助进行茶叶审评部分的文字修改；应乐师姐耐心校对文字，细致到每一个标点符号和遣词用句；黄虔菲师姐、董燕茹老师和刘雪儿老师对茶艺部分的修改提供了细致而详尽的指导，同时帮助进行茶点搭配、茶席设计以及茶艺演示；张靓同学不顾雨后的泥泞，连续两天帮忙拍摄茶树品种，并提供多处的茶园照片；刘畅同学、汪瑛琦同学、张蕾同学也为书稿提供了相应的图片。整个编写过程中得到的种种支持让我感受到无尽的温暖，也更加深刻地认同导师王岳飞教授时常挂在嘴边的那句话"照顾好身边的人是我们每个人的责任"。

希望能够通过这本书，让更多读者全面地认识绿茶，当你了解了茶的历史，你便知道为什么这一片树叶能承载中华民族几千年的文明；当你了解了茶的种植与加工，你便知道为什么这一片树叶能被称为国饮几经岁月变迁而热度不减；当你了解了茶的艺术与文化，你便知道为什么这一片树叶能带着道不尽的故事满足世界对东方古国的想象……感激这个伟大的时代，能让我们在一天内获得赛过我们父辈一年的信息与知识，也让我更加敬佩身边每一位不忘初心的茶人匠人，或许他们只是大街小巷上最普通不过的路人甲，却因为茶的氤氲停留下来，或者，奔向远方。

周继红

参考文献
REFERENCES

1. 施海根. 中国名茶图谱（绿茶卷）[M]. 上海文化出版社, 2007.

2. 李洪. 轻松品饮绿茶 [M]. 中国轻工业出版社, 2008.

3. 龚自明, 郑鹏程. 茶叶加工技术 [M]. 湖北科学技术出版社, 2010.

4. 周巨根. 茶学概论 [M]. 中国中医药出版社, 2007.

5. 宛晓春. 茶叶生物化学（第三版）[M]. 中国农业出版社, 2007.

6. 江用文, 童启庆. 茶艺师培训教材 [M]. 金盾出版社, 2008.

7. 骆耀平. 茶树栽培学（第五版）[M]. 中国农业出版社, 2015.

8. 施兆鹏. 茶叶审评与检验（第五版）[M]. 中国农业出版社, 2022.

9. 王岳飞, 周继红, 徐平. 茶文化与茶健康 [M]. 浙江大学出版社, 2021.

10. 程启坤, 张莉颖, 姚国坤. 茶叶加工利用的起源与发展 [C]. 国际茶文化研讨会. 2006.

11. 陈椽. 茶叶分类的理论与实际 [J]. 茶业通报, 1979(Z1).

12. 赵秀明. 日本蒸青绿茶的加工 [J]. 农村新技术, 2010(22):63-64.

13. 张莉颖. 韩国茶礼初探 [C]. 国际茶文化研讨会, 2010.

14. 季小康. 中国名茶趣谈 [J]. 中国对外贸易, 1994(4).

15. 中国赴日茶叶生产技术及管理考察团. 日本茶叶产业发展现状 [J]. 世界农业, 2003(3):36-37.

16. 姜天喜. 论日本茶道的历史变迁 [J]. 西北大学学报：哲学社会科学版, 2005, 35(4):170-172.

17. 李晟焕. 韩国茶产业发展历史、现状与问题——兼中、韩茶产业比较 [D]. 浙江大学, 2007.

18. 刘勤晋. 中国茶在世界传播的历史 [J]. 中国茶叶, 2012(8):30-33.

19. Tran, Xuan, Hoang, 等. 越南茶叶产业概况 [J]. 中国茶叶, 2012(7):12-13.

20. 姚国坤. 中国茶文化学 [M]. 中国农业出版社, 2020.

21. 叶乃兴. 茶学概论：第二版 [M]. 中国农业出版社, 2021.

22. 夏涛 . 制茶学（第三版）[M]. 中国农业出版社，2016.

23. 刘勤晋 . 茶文化学（第三版）[M]. 中国农业出版社，2014.

24. 屠幼英 . 茶的综合利用 [M]. 中国农业出版社，2017.

图书在版编目（ＣＩＰ）数据

第一次品绿茶就上手 ：图解版 / 周继红，王岳飞主编 ；潘建义，徐平副主编. -- 2版. -- 北京 ： 旅游教育出版社，2023.8

（人人学茶）

ISBN 978-7-5637-4576-0

Ⅰ．①第⋯ Ⅱ．①周⋯ ②王⋯ ③潘⋯ ④徐⋯ Ⅲ．①绿茶－茶文化－中国 Ⅳ．①TS971.21

中国国家版本馆CIP数据核字(2023)第126527号

第一次品绿茶就上手（图解版）第 2 版

周继红　王岳飞　主编

潘建义　徐平　副主编

策　　划	赖春梅
责任编辑	赖春梅
出版单位	旅游教育出版社
地　　址	北京市朝阳区定福庄南里 1 号
邮　　编	100024
发行电话	（010）65778403　65728372　65767462（传真）
本社网址	www.tepcb.com
E - mail	tepfx@163.com
排版单位	北京旅教文化传播有限公司
印刷单位	天津雅泽印刷有限公司
经销单位	新华书店
开　　本	710 毫米 ×1000 毫米　1/16
印　　张	10.75
字　　数	141 千字
版　　次	2023 年 8 月第 2 版
印　　次	2023 年 8 月第 1 次印刷
定　　价	52.00 元

（图书如有装订差错请与发行部联系）